组合优化机器学习方法

Machine Learning Methods for Combinatorial Optimization

郭田德　韩丛英　唐思琦　著

U0287505

科学出版社

北　京

内 容 简 介

本书对组合优化的机器学习求解方法进行了阐述. 全书从组合优化机器学习方法的起源算法开始, 详细介绍一些代表性的模型、算法和理论, 内容深入浅出, 注重理论与实际应用的结合, 力图给出该学术领域的研究趋势和最新的研究成果.

本书可作为最优化、计算数学、人工智能、计算机科学、控制科学、管理科学等专业的高年级本科生、研究生和科研人员的参考书, 同时也可供对机器学习领域感兴趣的科技工作者阅读和参考.

图书在版编目(CIP)数据

组合优化机器学习方法/郭田德, 韩丛英, 唐思琦著. —北京: 科学出版社, 2019.11
ISBN 978-7-03-062722-3

Ⅰ. ①组… Ⅱ. ①郭… ②韩… ③唐… Ⅲ.①机器学习 Ⅳ. ①TP181

中国版本图书馆 CIP 数据核字 (2019) 第 242594 号

责任编辑: 胡庆家 / 责任校对: 彭珍珍
责任印制: 赵 博 / 封面设计: 无极书装

科学出版社 出版
北京东黄城根北街 16 号
邮政编码: 100717
http://www.sciencep.com
北京虎彩文化传播有限公司印刷
科学出版社发行 各地新华书店经销
*
2019 年 11 月第 一 版 开本: 720 × 1000 B5
2024 年 3 月第四次印刷 印张: 12 1/4
字数: 150 000
定价: 88.00 元
(如有印装质量问题, 我社负责调换)

前　　言

　　组合优化是最优化的一个重要分支,是解决信息论、控制论、管理科学、生物学、分子物理学、大规模集成电路设计、图像处理、模式识别、电子工程、计算机科学、人工智能等诸多学科中一些核心问题的重要工具,并在工程技术、经济、军事等诸多方面都有着极为重要的应用. 探讨组合优化问题的各种算法和计算复杂性理论一直是最优化理论、计算机科学等相关学科领域备受关注的研究热点.

　　数学理论方法蕴含着处理智能问题的基本思想与方法,也是理解复杂算法的必备要素. 现在的人工智能技术归根到底都建立在数学模型之上. 通常,人们认为人工智能的数学理论和方法是“统计学”“信息论”和“控制论”. 事实上,人工智能的数学理论和方法还包括“最优化”“调和分析”等众多的数学分支. 机器学习是人工智能技术的核心内容之一,它是一门多领域交叉学科,涉及概率论、统计学、最优化、逼近论、凸分析等多门学科,其中最优化理论和算法是机器学习的支柱学科之一,在机器学习理论和技术中发挥着重要作用. 反过来,人工智能技术又为求解最优化问题提出了新的思路,未来会是“人工智能与最优化进入融通共进的时代”(徐宗本院士报告).

　　组合优化问题包括 NP-难问题和 P-问题两类问题. 组合优化问题,特别是大规模的组合优化问题,其快速求解具有重要的理论意义和实际应用价值. 为了达到快速求解的目的,传统方法主要是设计近似算法或者近似方案. 目前这类算法都是基于问题而设计,对于相同问题的不同实例, 前面实例的求解经验对后面的实例求解基本没有帮助. 但是, 我们遇到的实际问题, 大多数保留了相同的组合优化结构, 只是在具体数值上有所差异, 在同一应用领域内出现的问题实例之间存在固有的相似性, 但传统算法没有系统地利用这一事实. 人们自然希望寻求一种通用的解决问题的方式, 能够通过线下学习, 挖掘出问题的本质信息, 线上自动更新求解策略, 提高问题求解的效率和质量. AlphaGo (AlphaGo Zero) 技术的成功表明, 深度学习技术可以用来求解一些组合问题, 并且在求解实例过程中可以通过逐步积累经验来指导未来实例的求解.

目前, 用机器学习, 特别是深度学习的方法求解某些组合优化问题已经有了一些初步的结果. 但是, 在组合优化领域, 深度学习的应用还处于试验阶段, 能够求解的问题包括旅行商问题、凸包问题、最大割问题、点集匹配问题等, 目前成果还仅限于几十到几百的规模, 其主要原因是仍然沿用了有监督学习模式, 而有监督样本的获取却成为了瓶颈. 这些局限性导致了组合优化问题的研究, 特别是基于机器学习的求解算法的研究, 需要进一步发展甚至是重建. 发展和构造组合优化问题的人工智能求解方法是数学优化领域一个重要的研究方向. 本书是作者在组合优化机器学习方法所进行的一系列研究基础上撰写而成的, 同时吸纳了国内外具有代表性的一些最新研究成果. 全书内容从组合优化机器学习方法的起源算法开始介绍, 深入浅出, 注重理论与实际应用的结合, 力图给出该学术领域的研究趋势和最新的研究成果. 本书可作为最优化、计算数学、人工智能、计算机科学、控制科学、管理科学等专业的高年级本科生、研究生和科研人员的参考书, 同时也可供对机器学习领域感兴趣的科技工作者阅读和参考.

全书共分 6 章, 第 1 章是组合优化概述, 主要介绍组合优化的概念和组合优化问题的研究方法; 第 2 章介绍机器学习与求解组合优化问题之间的关系, 主要包括机器学习概述和围棋人工智能方法及其对求解组合优化问题的启示; 第 3 章介绍从序列输入到序列输出的机器学习网络模型和算法演化而来的组合优化机器学习方法这一过程, 演化顺序是循环神经网络、长短期记忆模型、双向循环神经网络、编码–解码模型、注意力机制模型; 第 4 章介绍一些求解组合优化问题的深度学习网络模型和算法, 包括基于目标函数的求解方法及其求解组合优化问题的例子、基于强化学习的求解方法及其求解组合优化问题的例子; 第 5 章结合作者在进行图像识别研究和应用中需要求解的一些基本问题所对应的组合优化问题, 如点集匹配问题、图匹配问题和图像对齐问题等, 设计其机器学习求解方法; 第 6 章给出了一种度量函数, 用来度量线上运行和线下训练的学习类算法的时间复杂度, 解决这种学习类算法面临的如何描述其时间复杂度这一重要问题.

　　总之, 相比于传统的基于问题的组合优化求解方法, 基于实例的组合优化机器学习方法, 可以通过学习发现实例的 "内在特征", 利用已有实例的求解经验, 指导未来实例的求解, 可能会使得求解传统上不易解决的一些组合优化问题 (如 NP-难问题) 成为可能. 目前国内外系统研究组合优化机器学习方法的文献和书籍还不多, 作者非常希望通过本书能够引起广大学者对这一领域的兴趣和重视, 推动组合优化和机器学习的发展. 尽管作者馨尽全力, 但由于这是一个新的研究领域, 且作者水平所限、时间紧促, 书中错误在所难免, 恳请批评指正.

　　值此, 作者非常感谢本课题组所有老师和研究生在本书撰写过程中所给予的帮助, 同时也感谢科学出版社编辑胡庆家在本书出版过程中所付出的辛勤劳动. 另外, 本书的出版得到中国科学院国家数学与交叉科学中心和国家自然科学基金重点项目 (11731013) 及国家自然科学基金面上项目 (11571014) 的资助, 同时还得到国家自然科学基金重大项目 "最优化问题人工智能方法" 的资助.

郭田德

2019 年 10 月 28 日

目　　录

第1章　组合优化概述

1.1　组合优化的概念

组合优化是最优化的一个重要分支, 是应用数学和组合领域的新兴学科, 起源于运筹学与计算机科学的交叉领域; 组合优化由线性规划、算法理论、组合数学发展而来, 其目的是解决离散结构的最优化问题. 组合优化主要研究具有离散结构的优化问题解的性质和求解方法, 它把组合学与图论、拟阵与多面体、网络流与连通性、近似算法与计算复杂性、计算几何等有机地结合起来.

关于组合优化的研究, 起码是对一些具体问题的研究, 在很早以前就开始了, 有一些著名的经典问题早就引起了人们的兴趣, 如装箱问题 (Bin Packing Problem)、旅行商问题 (Traveling Salesman Problem)、斯坦纳树问题 (Steiner Tree Problem) 等. 在过去的几十年中, 对包括这些经典问题在内, 组合优化的研究有了许多新的进展, 并且这些研究还在不断地进行中.

运筹学和计算机科学共同关注的关键研究课题就是求解问题的有效性. 组合优化的研究为离散问题的有效计算提供了理论基础和各类方法. 随着信息科学和网络技术的快速发展, 特别是改变世界和人类生活方式的互联网及其延伸出来的物联网和社会网络的创新式生长, 组合优化研究的模型、理论及方法愈来愈丰富. 所以, 组合优化是离散数学的一个最年轻、最活跃的分支之一, 并且它的发展影响了今天的科技发展.

　　组合优化的理论和方法已经广泛地渗透于运筹学、信息论、控制论、管理科学、生物学、分子物理学、大规模集成电路 (VLSI) 设计、图像处理、电子工程和计算机科学、人工智能等领域, 并在工程技术、经济、军事等诸多方面都有着极为重要的应用. 另外, 现代社会在很大程度上是一个由通信网络、运输网络、能源和物资分配网络构成的巨大的复杂系统, 组合优化能为人们控制和管理这个系统提供一种有效的方法.

　　由于求解大规模组合优化问题的需要, 研究各种有效算法一直是组合优化研究的一个重点. 组合优化中的许多问题很难找到有效算法, 也不知道它们是否存在有效算法, 这就使得计算复杂性理论和近似算法的研究也受到了人们的普遍重视.

　　研究各种有效算法和计算复杂性理论的结合正是组合优化研究的潮流. 一般来讲, 组合优化研究领域可分为计算复杂性理论、算法设计与分析和应用三个主要研究范畴. 计算复杂性理论研究组合优化问题的困难程度和相应计算效能的极限; 算法理论在复杂性的假设下致力于最有效算法的设计和分析; 而应用领域则利用算法的理论成果结合模型本身的特点去解决实际问题. 那么, 什么是组合优化呢? 要讲组合优化, 首先要从最优化谈起. 最优化是运筹学 (Operations Research, OR) 的一个分支.

　　定义 1.1(最优化, Optimization)　从若干可能的安排或方案中寻求某种意义下的最优安排或方案.

　　组合优化又是一种特殊的最优化, 目标是从组合问题的可行解集中求出最优解.

　　定义 1.2(组合优化, Combinatorial Optimization)　又称离散优化 (Discrete Optimization), 它是通过数学方法去寻找离散事件的最优编排、

分组、次序或筛选等.

这类问题可用数学模型描述为

$$
\begin{cases}
\min & f(x), \\
\text{s.t.} & g(x) \geqslant 0, \\
& x \in D,
\end{cases}
\tag{1.1}
$$

其中 D 表示有限个点组成的集合 (定义域), f 为目标函数, $F = \{x | x \in D,$ $g(x) \geqslant 0\}$ 为可行解区域.

1.2 组合优化与计算机数学

组合优化与计算机数学有着密切的关系, 它们相互促进、相互融合, 为计算机学科的发展奠定了理论基础.

1.2.1 什么是计算机数学?

剑桥大学出版社计算机系列丛书中《计算机数学》一书的作者 Cooke 与 Bez 认为, 早期国外所指计算机数学相当于我们现在所说的主要包括集合论、关系、代数结构、数据结构、基本的计算几何、形式语言和自动机等内容. 因此, 计算机数学是以离散量为研究对象, 它与计算机的软硬件结构密切相关, 其目的在于帮助人们更深入地理解计算机的基本原理. 现在随着计算机科学与技术的蓬勃发展, 特别是计算机在各个领域的广泛应用, 计算机数学所研究的内容也在不断拓广与深入. 人们发现由数理逻辑研究所产生的可计算性理论对于准确刻画计算机的计算能力非常有用, 并由此导致了所谓的不可解性、难解性以及计算复杂性等理论. 现在, 计算机数学较深层次的内容包括形式语言与自动机、可计算性、不可解性与计算复杂性等理论 [176].

1.2.2 组合优化与计算机数学之间的关系

在实际应用中, 当我们想利用计算机做任何一件事情 (包括传统的各种数值计算与越来越多的非数值计算) 时, 首先考虑的是所给问题能不能用计算机解决? 若能解决, 则总是希望在内存空间占用量尽可能少的同时, 用尽可能短的时间来完成其求解任务. 这一要求引出一系列相互联系而又非常实际的问题: ① 怎样设计出满足要求的求解算法; ② 如何分析、区别算法的好坏; ③ 可否改进现有的算法使其更有效; ④ 求解所给问题最好可能的算法会是什么, 等等.

要从一般角度回答这些问题, 主要涉及组合优化的理论与算法, 第一个问题, 又涉及可计算性理论, 而回答第二个问题则涉及算法复杂性理论. 以上既是组合优化的研究内容, 也是计算机数学深层次的主要内容. 所以, 可以说组合优化是计算机数学的一个重要组成部分.

1.2.3 计算机科学中最重要的三十二个算法

组合优化与计算机科学的密切关系也可以从下述计算机科学中最重要的三十二个算法体现出来.

奥地利符号计算研究所 (Research Institute for Symbolic Computation, RISC) 的 Christoph Koutschan 博士在个人网页上发布了一篇文章, 提到他做的一个调查, 参与者大多数是计算机科学家, 他请这些科学家投票选出最重要的算法, 以下是这次调查的结果, 按照英文名称字母顺序排序.

(1) A* 搜索算法 (图形搜索算法): 从给定起点到给定终点, 计算出路径, 其中使用了一种启发式的估算, 为每个节点估算通过该节点的最佳路径, 并以此为各个地点排定次序. 算法以得到的次序访问这些节点. 因此, A* 搜索算法是最佳优先搜索的范例.

(2) 集束搜索 (又名定向搜索, Beam Search): 最佳优先搜索算法的进一步优化. 使用启发式函数评估它检查每个节点的能力. 不过, 集束搜索只能在每个深度中发现最前面的 m 个最符合条件的节点, m 是固定数字, 即集束的宽度.

(3) 二分查找 (Binary Search): 在线性数组中找特定值的算法, 每个步骤去掉一半不符合要求的数据.

(4) 分支界定算法 (Branch and Bound): 在多种最优化问题中寻找特定最优化解决方案的算法, 特别是针对离散、组合的最优化问题.

(5) Buchberger 算法: 一种数学算法, 可将其视为针对单变量最大公约数求解的欧几里得算法和线性系统中高斯消元法的泛化.

(6) 数据压缩: 采取特定编码方案, 使用更少的字节数 (或是其他信息承载单元) 对信息编码的过程, 又叫源编码.

(7) Diffie-Hellman 密钥交换算法: 一种加密协议, 允许双方在事先不了解对方的情况下, 在不安全的通信信道中, 共同建立共享密钥. 该密钥以后可与一个对称密码一起, 加密后续通讯.

(8) Dijkstra 算法: 针对没有负值权重边的有向图, 计算其中的单一起点到其他节点的最短路算法.

(9) 离散微分算法 (Discrete Differentiation): 一种微分方程的数值求解方法.

(10) 动态规划算法 (Dynamic Programming): 是求解多阶段决策过程的一种优化的数学方法, 它把多阶段决策过程转化为一系列单阶段决策问题, 利用各阶段决策之间的关系, 逐个求解.

(11) 欧几里得算法 (Euclidean Algorithm): 计算两个整数的最大公

约数. 它是最古老的算法之一, 出现在公元前 300 年欧几里得的《几何原本》中.

(12) 期望–最大算法 (Expectation-maximization Algorithm, 又名 EM-Training): 在统计计算中, 期望–最大算法在概率模型中寻找可能性最大的参数估算值, 其中模型依赖于未发现的潜在变量. EM 在两个步骤中交替计算, 第一步是计算期望, 利用对隐藏变量的现有估计值, 计算其最大可能估计值; 第二步是最大化, 最大化在第一步基础上求得的最大可能估计值来计算参数的值.

(13) 快速傅里叶变换 (Fast Fourier Transform, FFT): 计算离散的傅里叶变换 (DFT) 及其反转. 该算法应用范围很广, 从数字信号处理到解决偏微分方程, 再到快速计算大整数乘积.

(14) 梯度下降算法 (Gradient Descent): 一种数学优化的算法.

(15) 哈希算法 (Hashing): 一种将任意长度的消息压缩到某一固定长度的消息的算法.

(16) 堆排序 (Heaps): 一种利用堆 (假设利用大顶堆) 进行排序的方法.

(17) Karatsuba 乘法: 该算法在需要完成上千位整数的乘法的系统中使用, 比如计算机代数系统和大数程序库, 如果使用长乘法, 速度太慢.

(18) LLL 算法 (Lenstra-lenstra-lovasz Lattice Reduction): 以格规约 (Lattice) 基数为输入, 输出短正交向量基数. LLL 算法在背包加密系统 (Knapsack)、有特定设置的 RSA 加密系统等公共密钥加密方法中有大量使用.

(19) 最大流量算法 (Maximum Flow): 一种从一个流量网络中找到最大流的方法. 最大流问题可以看作更复杂的网络流问题的特定情况.

最大流与网络中的截面有关, 这就是最大流--最小截定理 (Max-flow Min-cut Theorem). Ford-Fulkerson 算法能找到一个流网络中的最大流.

(20) 合并排序 (Merge Sort): 建立在归并操作上的一种有效的排序算法. 该算法是采用分治法 (Divide and Conquer) 的一个非常典型的应用. 合并排序法是将两个 (或两个以上) 有序表合并成一个新的有序表, 即把待排序序列分为若干个子序列, 每个子序列是有序的, 然后再把有序子序列合并为整体有序序列.

(21) 牛顿法 (Newton's Method): 求非线性方程 (组) 零点的一种重要的迭代法.

(22) Q-学习算法: 一种通过学习动作值函数 (Action-value Function) 完成的强化学习算法, 函数采取在给定状态的给定动作, 并计算出期望的效用价值, 在此后遵循固定的策略. Q-学习的优势是: 在不需要环境模型的情况下, 可以对比可采纳行动的期望效用.

(23) 两次筛法 (Quadratic Sieve): 现代整数因子分解算法, 在实践中, 是目前已知第二快的此类算法 (仅次于数域筛法 (Number Field Sieve)). 对于 110 位以下的十位整数, 它仍是最快的, 而且都认为它比数域筛法更简单.

(24) 随机抽样一致性算法 (Random Sample Consensus, RANSAC): 该算法根据一系列观察得到的数据, 数据中包含异常值, 估算一个数学模型的参数值. 其基本假设是: 数据包含非异化值, 也就是能够通过某些模型参数解释的值, 异化值就是那些不符合模型的数据点.

(25) 公钥加密算法 (Rivest-Shamir-Adleman, RSA): 首个适用于以签名作为加密的算法. RSA 在电商行业中仍大规模使用, 大家也相信它有足够安全长度的公钥.

(26) Schönhage-Strassen 算法：在数学中, Schönhage-Strassen 算法是用来完成大整数的乘法的快速渐近算法, 其算法复杂度为 $O(N \log(N) \log(\log(N)))$, 该算法使用了傅里叶变换.

(27) 单纯型算法 (Simplex Algorithm)：在数学优化理论中, 单纯型算法是常用的技术, 用来找到线性规划问题的数值解. 线性规划问题包括在一组实变量上的一系列线性不等式组, 以及一个等待最大化 (或最小化) 的固定线性函数.

(28) 奇异值分解 (Singular Value Decomposition, SVD)：在线性代数中, SVD 是重要的实数或复数矩阵的分解方法, 在信号处理和统计中有多种应用, 比如计算矩阵的伪逆矩阵 (以求解最小二乘法问题)、解决超定线性系统 (Overdetermined Linear Systems)、矩阵逼近、数值天气预报等.

(29) 求解线性方程组 (Solving a System of Linear Equations)：线性方程组是数学中最古老的问题, 它们有很多应用, 比如在数字信号处理、线性规划中的估算和预测、数值分析中的非线性问题逼近等. 求解线性方程组, 可以使用高斯–若尔当消去法 (Gauss-Jordan Elimination) 或是柯列斯基分解 (Cholesky Decomposition).

(30) 结构张量算法 (Structure Tensor)：应用于模式识别领域, 为所有像素找出一种计算方法, 判断该像素是否处于同质区域 (Homogenous Region), 还判断它是否属于边缘, 或是一个顶点.

(31) 合并查找算法 (Union-find)：给定一组元素, 该算法常常用来把这些元素分为多个分离的、彼此不重合的组. 不相交集 (Disjoint-set) 的数据结构可以跟踪这样的切分方法. 合并查找算法可以在此种数据结构上完成两个有用的操作：查找, 即判断某特定元素属于哪个组; 合并, 即联合或合并两个组为一个组.

(32) 维特比算法 (Viterbi Algorithm): 寻找隐藏状态最有可能序列的动态规划算法, 这种序列被称为维特比路径, 其结果是一系列可以观察到的事件, 特别是在隐藏的马尔可夫模型中.

上述这三十二个算法中直接是运筹学算法的就有十二个, 其中有九个是组合优化中的算法. 另外, 机器学习中的九大算法: 聚类学习算法、KNN 学习算法、回归学习算法、决策树学习算法、随机森林学习算法、SVM 学习算法、贝叶斯学习算法、EM 学习算法和人工神经网络学习算法, 其中六个算法属于组合优化或者用到组合优化的研究领域. 由此我们可以看出, 组合优化在计算机科学中的重要地位.

1.3 组合优化问题的研究方法

对于组合优化问题的研究, 我们关心的一般不是最优解的存在性和唯一性, 而是如何有效地求解和其复杂性的度量. 因此, 算法设计和计算复杂性理论是组合优化的主要研究内容.

1.3.1 组合优化问题的一般模型与求解算法

组合优化问题依据其特征可以分成两类: 一类是数字化的优化问题, 例如划分 (Partition) 问题、装箱 (Bin Packing) 问题、背包 (Knapsack) 问题和调度 (Scheduling) 问题等, 这类问题的刻画依赖于数量或向量值及其之间的约束; 另一类是结构化的优化问题, 如网络流 (Network Flow) 问题、网络设计 (Network Design) 问题、旅行商 (TSP) 问题、设施选址 (Facility Location) 问题等, 这类问题则利用图和网络来刻画元素之间的拓扑联系.

　　根据组合优化问题的上述特征, 人们经过长期的研究, 总结出了组合优化问题的一般模型与求解算法, 其中主要有: ① 图论模型及其算法, 如最短路的 Dijkstra 算法和 Floyd-Warshall 算法、最大流的 Ford-Fukerson 标号算法等; ② 线性规划理论及其算法, 如最小费用流的原始对偶算法 (圈算法、叠加算法)、Hitchcock 问题的原始-对偶算法 ($\alpha\beta$ 算法)、最优匹配问题的原始-对偶算法、指派问题的匈牙利算法等; ③ 拟阵模型及其算法, 如最小支撑树算法、两个拟阵的交等; ④ 整数线性规划理论及其算法, 如适定性问题的整数线性规划模型及其分支定界算法、排序问题的整数线性规划模型及其松弛算法、装箱问题的整数线性规划模型及其分支定界算法等.

1.3.2　经典的组合优化问题与求解算法

1. 存在有效算法的组合优化问题与求解算法

　　这些模型和算法主要有最短路问题及其有效算法、最大流问题及其有效算法、最小费用流问题及其有效算法、最大匹配问题及其有效算法、最大权匹配问题及其有效算法、最大权 b-匹配最小权 T-Joins 问题和拟阵及其推广等.

2. NP-难组合优化问题与求解算法

　　组合优化问题最基本的特点就是变量是离散的, 由此导致其数学模型中的目标函数和约束函数在其可行域内也是离散的. 在现实世界中, 许多的实际问题本质上是离散事件而不是连续事件, 因此都可归结为组合优化问题. 这类问题在理论上多数都属于 NP-难问题, NP-难问题仍属于可计算问题, 即存在算法来求解. 求解这类组合优化问题的方法分为精确算法和近似算法两类. 常用的精确算法有动态规划法、分支定界法、割平面法和枚举法等. 精确算法只能解决一些小规模问题, 当求解小规模组合优化问题时可以用这类精确算法在较短的时间内得到最优解. 当求解大规模组合优化问题时, 理论上可以得到问题的最优解, 但由于计算量太大, 所以使用精确算法并不可行.

组合优化问题有许多重要的理论问题是数学和计算机科学共同关注的问题, 如 NP-完备性理论、图灵机、丘奇定理 (Church's Thesis)、P 和 NP、Cook 定理、基本的 NP-完备问题、Co-NP 类、NP-难问题等. 著名的悬赏一百万美元的七个"世界难题": NP-完全问题、霍奇猜想、庞加莱猜想、黎曼假设、杨–米尔斯理论、纳卫尔–斯托可方程、BSD 猜想, 其组合优化问题的 NP-完备问题名列其中. 组合优化研究中的最具代表性的 NP-难问题包括集覆盖 (Set Covering) 问题、最大割 (Max-cut) 问题、染色 (Colouring) 问题、调度 (Schemes) 问题、最大满意度调度 (Maximum Satisfiability Schemes) 问题、PCP 定理 (或者称为 PCP 表征定理 (PCP Characterization Theorem))、背包问题及其推广问题、装箱 (Packing) 问题、多商品流 (Multi-commodity Flows) 问题、网络设计问题 (斯坦纳树问题、一般的网络设计问题)、旅行商问题 (TSP)、设备选址 (Facility Location) 问题等.

设计组合优化问题求解算法时, 即使能得到最优解, 但所需要的计算时间过长, 在实际问题中也难以直接应用. 所以需要考虑设计近似算法. 近似算法是指在合理的计算时间内找到一个近似的最优解. 近似算法虽然求解速度较快, 但并不能保证得到问题的全局最优解. 近似算法分为基于数学规划 (最优化) 的近似算法、动态规划方法、分支定界法、割平面法和一些启发式算法等.

(1) 最优化松弛方法

大多数 NP-难的组合优化问题都可以建模为整数规划, 如背包问题、旅行商问题等. 由于整数规划也是 NP-难的组合优化问题, 它的精确求解也只能依靠分支定界法、割平面法等指数时间算法. 基于数学规划 (最优化) 的近似算法是根据对问题建立的数学规划模型, 运用如拉格朗日松弛算法、列生成算法等以获得问题的近似解, 是以数学模型为基础, 采用列生成算法、拉格朗日松弛算法和状态空间松弛算法等求解问题. 拉格朗日松弛算法求解问题的主要思想是分解和协调. 首先对于 NP-难的优化问题, 其数学模型需具有可分离性. 通过使用拉格朗日乘子向量将模型中复杂的耦合约束引入目标函数, 使耦合约束解除, 形成松弛问题, 从而分解为一系列相互独立的易于求解的子问题, 设计有效的算法求得所有子问题的最优解. 利用乘子的迭代更新来实现子问题解的协调. 列生成 (Column Generation, CG) 算法是一种已经被认可的成功用于求解大规模线性规划、整数规划及混合整数规划问题的算法. 基于数学规划的近似算法的优点是通过建立问题的数学模型, 松弛模型中难解的耦合约束或整数约束, 得到的松弛问题的最优解可以为原问题提供一个下界. 同时基于数学规划的近似算法还具有很好的自我评价功能, 通过算法运行给出的问题的近似最优解 (或最优解) 为原问题提供一个上界, 上界与下界进行比较, 可以衡量算法的性能.

(2) 动态规划方法

动态规划 (Dynamic Programming) 是求解多阶段决策优化问题的一种有效方法. 它可以用于离散、连续、随机等多种类型的问题, 应用领域非常广泛. 设计动态规划的一种典型思路是给出需要求解的实例最优解与另一规模较小的实例最优解之间的递推关系. 由于规模最小的那些实例最优解容易求得, 从而可以以此为初始条件, 进而利用递推关系一步一步求得最优解. 能用动态规划方法解决的问题一定能把问题分解为一系列互相联系的单个阶段问题, 并且子问题之间满足最优化原理: 假设为了解决某一优化问题, 需要依次作出 n 个决策 $D_1, D_2, \cdots, D_n$, 如若这个决策序列是最优的, 对于任何一个整数 $k, 1 < k < n$, 不论前面 k 个决策是怎样的, 以后的最优决策只取决于由前面决策所确定的当前状态, 即以后的决策 $D_{k+1}, D_{k+2}, \cdots, D_n$ 也是最优的. 就是说, 无论过去的状态和决策如何, 对前面的决策所形成的当前状态而言, 余下的诸决策必须构成最优策略. 最后还要满足无后效性. 无后效性是指下一时刻的状态只与当前状态有关, 而和当前状态之前的状态无关, 当前的状态是对以往决策的总结. 以上三种要素构成了动态规划: 可分解为相互关联的子问题、最优化原理和无后效性. 从另一个方面看就是状态、阶段和决策.

(3) 分支定界法

分支定界法由 Richard M. Karp 在 20 世纪 60 年代提出, 并成功求解了含有 65 个城市的旅行商问题, 创当时的记录. "分支定界法"是把问题的可行解展开成树状的分支, 再经由各个分支中寻找最优解. 在每次分支后, 对凡是界限超出已知可行解值的那些子集不再做进一步分支. 这样, 解的许多子集 (即搜索树上的许多结点) 就可以不予考虑了, 从而缩小了搜索范围. 这一过程一直进行到找出可行解为止, 该可行解的值不大于任何子集的界限. 因此这种算法一般可以求得最优解. 分支界定不是一个算法, 而是一类方法, 实质上是一种 "聪明" 的枚举法, 主要包括分支、定界和剪支 (估界) 三个步骤. 分支定界法已经成功地应用于求解整数规划问题、生产进度表问题、货郎担问题、选址问题、背包问题以及其他的许多组合优化问题. 对于不同的问题, 分支与定界的步骤和内容可能不同, 但基本原理是一样的.

对于整数规划, 以目标函数求最大值为例, 分支定界法的一般步骤如下:

第一步, 先不考虑原问题的整数限制, 求解相应的松弛问题, 若求得最优解, 检查它是否符合整数约束条件; 如符合整数约束条件, 即转下一步.

第二步, 定界. 在各分支问题中, 找出目标函数值最大者作为整数规划最优值 z^* 的上界, 记为 $\bar{z}$, 从已符合整数条件的分支中, 找出目标函数值最大者作为下界, 记为 $\underline{z}$, 则 $\underline{z} \leqslant z^* \leqslant \bar{z}$.

第三步, 分支. 根据对变量重要性的了解, 在最优解中选择一个不符合整数条件的 x_j, 令 $x_j = b_j'$(b_j' 不为整数), 则用下列两个约束条件:

$$x_j \leqslant \left\lfloor b_j' \right\rfloor, \quad x_j \geqslant \left\lfloor b_j' \right\rfloor + 1,$$

分别加入问题形成两个子问题, 其中 $\left\lfloor b_j' \right\rfloor$ 表示不超过 b_j' 的最大整数.

第四步, 应用对目标函数估界的方法, 或对某一分支重要性的了解, 确定出首先要解的某一分支的后继问题, 并解此问题. 若所获得的最优解符合整数条件, 则就是原问题的解, 若不符合整数条件, 再回到第二步, 并参照第四步终止后继问题.

在上述过程中, 要不断应用分支、定界、剪支 (估界) 来进行判断. 当我们求解某子问题的松弛问题时, 只要出现下列情况之一, 该问题就已探明:

a. 松弛问题没有可行解, 则原问题也没有可行解;

b. 松弛问题的最优解恰好全取整数, 则该最优解也是其对应的子问题的最优解;

c. 松弛问题的最大值小于现有的下界 z, 则无论其最优解是否取整数值, 都将对应的子问题剪支.

已探明的子问题就不再用分支了, 如果所有的子问题都已探明, 则原整数规划的最优解就一定可以求出, 或可以判定它无解.

分支定界法也用于求解一些组合优化问题, 其优劣很大程度上与采用的分支、定界策略有关. 尽管大部分组合优化问题可以建立整数规划模型, 而整数规划都可以用分支定界法来求解. 但当面临一个具体的组合优化问题时, 有可能找到更好的分支与定界策略, 这是求解的关键所在.

(4) 割平面法

以下关于割平面法的内容主要参考李学良、史永堂[177] 的相关研究. 多面体组合学是求解整数线性规划的一个重要工具, 如果一个整数线性规划的约束矩阵具有全单位模性质, 它对应的多面体就是整的, 那么对于任何目标函数, 其松弛问题的基可行最优解一定是整数线性规划的最优解, 我们就可以用单纯形类算法求解其松弛问题, 得到整数最优解, 如最短路问题、最大流问题等, 转化成整数线性规划模型时, 就满足多面体全单位模的性质. 证明多面体是整的往往非常困难, 这导致了整性的各种充分条件的提出, 例如, 如果 A 和 b 满足某些性质, 那么我们知道多面体 $P = \{x \in R^n : Ax \leqslant b\}$ 是整的. 在一般情形下, 尽管从一个一般的多面体找到其中包含的最大的整数凸包可能是困难的, 但是我们仍然可以对一些实际的组合优化问题应用线性规划的技术求解. 其中的一种重要的技术就是 "割平面" 技术.

首先要把组合优化问题转化成一个整数规划问题:

$$\max\{w^{\mathrm{T}}x : Ax \leqslant b\}, \tag{1.2}$$

其中, x 是分量为整数的向量, $A \in R^{m \times n}$, $a_i^T (i = 1, 2, \cdots, m)$ 为 A 的第 i 个行向量.

那么, 建立一个解的最优性 (或者至少提供这个最优值的一个上界) 的问题等价于证明 $w^T x \leqslant t$ 对 $Ax \leqslant b$ 的所有整数解都成立, 其中 t 是上述整数规划问题的最优值 (或者是一个要求的上界).

假设系统有 m 个不等式组成:

$$a_i^T x \leqslant b_i, \quad i = 1, 2, \cdots, m, \tag{1.3}$$

令 $y_1, y_2, \cdots, y_m$ 为非负实数, 并置

$$c = y_1 a_1 + y_2 a_2 + \cdots + y_m a_m \in R^n,$$

$$d = y_1 b_1 + y_2 b_2 + \cdots + y_m b_m \in R.$$

显然, 若 $a_i^T x \leqslant b_i (i = 1, 2, \cdots, m)$, 则

$$c^T x = (y_1 a_1 + y_2 a_2 + \cdots + y_m a_m)^T x \leqslant y_1 b_1 + y_2 b_2 + \cdots + y_m b_m = d.$$

此外, 如果 c 是整数, 那么 $a_i^T x \leqslant b_i (i = 1, 2, \cdots, m)$ 的所有整数解也满足更强的不等式:

$$c^T x \leqslant \lfloor d \rfloor, \tag{1.4}$$

其中, $\lfloor d \rfloor$ 表示对 d 下取整. 我们称 $c^T x \leqslant \lfloor d \rfloor$ 为 Gomory-Chvatal 割平面 (Gomory-Chvatal Cutting Plane). Gomory-Chvatal 割平面也可以用 $a_i^T x \leqslant b_i (i = 1, 2, \cdots, m)$ 定义的多面体 P 来直接定义: 只要取 P 的一个满足 c 是整向量的有效不等式 $c^T x \leqslant d$, 并向下取整得到割平面 $c^T x \leqslant \lfloor d \rfloor$. 这些非负实数 $y_1, y_2, \cdots, y_m$ 的作用是由 $c^T x \leqslant \lfloor d \rfloor$ 导出割平面.

一旦导出一个割平面, 我们就可以把它添加到系统 $a_i^T x \leqslant b_i (i = 1, 2, \cdots, m)$ 中, 并利用它导出进一步的不等式. 我们称一系列这样的导

出为一个割平面序列. 也就是说, 从系统 $a_i^{\mathrm{T}}x \leqslant b_i(i = 1, 2, \cdots, m)$ 到不等式 $w^{\mathrm{T}}x \leqslant t$ 的一个割平面序列是一系列不等式 $a_{m+k}^{\mathrm{T}}x \leqslant b_{m+k}(k = 1, 2, \cdots, M)$, 以及非负实数 $y_{kj}(1 \leqslant k \leqslant M, 1 \leqslant j \leqslant m + k - 1)$, 使得对每一个 $k = 1, 2, \cdots, M$, 不等式 $a_{m+k}^{\mathrm{T}}x \leqslant b_{m+k}$ 由系统 $a_i^{\mathrm{T}}x \leqslant b_i(i = 1, 2, \cdots, m + k - 1)$ 使用系数 $y_{kj}(j = 1, 2, \cdots, m + k - 1)$, 并使得此序列的最后一个不等式是 $w^{\mathrm{T}}x \leqslant t$.

定理 1.1 令 $P = \{x \in R^n : Ax \leqslant b\}$ 为一个有理有界多面体 (被有理线性系统定义的多面体), 且设 $w^{\mathrm{T}}x \leqslant t$ 是 w 为整数向量的不等式, 对 P 中所有整向量都成立. 则对某个 $t' \leqslant t$, 存在从 $Ax \leqslant b$ 到不等式 $w^{\mathrm{T}}x \leqslant t'$ 的一个割平面序列.

当 P 不包含整向量时, 得到上述定理的特殊情形:

定理 1.2 令 $P = \{x \in R^n : Ax \leqslant b\}$ 为一个不包含整向量的有理有界多面体, 则存在从 $Ax \leqslant b$ 到不等式 $\mathbf{0}^{\mathrm{T}}x \leqslant -1$ 的一个割平面证明.

Gomory-Chvatal 割平面与寻找离散点集的整数凸包问题有一个有趣的联系. 割平面序列不是顺序的一次出现一个割, 而是一次出现一组割, 这一组一组出现的割, 一次一次地对 P_I 提供更紧的近似, 其中 P_I 是 P 中所有整向量的凸包, 参见图 1.1.

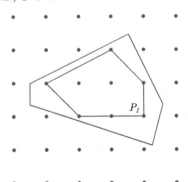

图 1.1 多面体与其整数凸包 [177]

在第一组中, 我们选取 P 的所有可能的 Gomory-Chvatal 割, 尽管好像有无限多个这样的割平面, 但是实际上一个有限集合将蕴含着其余所有的. 描述这个思路的一个漂亮方式是定义 P' 表示 P 中所有满足 P 的每个 Gomory-Chvatal 割的向量集合.

定理 1.3 (Shrijver, 1980)　如果 P 是一个有理多面体, 那么 P' 也是一个有理多面体.

证明　令 $P = \{x \in R^n : Ax \leqslant b\}$ 满足 A 和 b 都是整的, 则存在某个向量 y 使得

$$P' = \left\{ x \in R^n : Ax \leqslant b, y^{\mathrm{T}} Ax \leqslant \lfloor b^{\mathrm{T}} y \rfloor \right\},$$

其中 y 满足 $0 \leqslant y \leqslant 1$ 且 $A^{\mathrm{T}} y$ 是整的.

为了验证这一点, 我们将证明每个 Gomory-Chvatal 割可以写成 $y^{\mathrm{T}} Ax \leqslant \lfloor b^{\mathrm{T}} y \rfloor$ 中一个不等式与 $Ax \leqslant b$ 中不等式的一个线性组合之和, 即所有不在有限集合 $y^{\mathrm{T}} Ax \leqslant \lfloor b^{\mathrm{T}} y \rfloor$ 中的割在 P' 中的定义都是冗余的.

事实上, 若令 $\bar{y}' = \bar{y} - \lfloor \bar{y} \rfloor$ 为 $\bar{y}$ 的分数部分, 那么 $w' = A^{\mathrm{T}} \bar{y}' = w - A^{\mathrm{T}} \lfloor \bar{y} \rfloor$ 是一个整向量, 且 $t' = b^{\mathrm{T}} \bar{y}' = t - b^{\mathrm{T}} \lfloor \bar{y} \rfloor$ 与 t 相差一个整数量. 因此用 $\bar{y}'$ 导出的割 $(w')^{\mathrm{T}} x \leqslant \lfloor t' \rfloor$ 与有效不等式 $(\lfloor \bar{y}' \rfloor^{\mathrm{T}} A) x \leqslant b^{\mathrm{T}} \lfloor \bar{y} \rfloor$ 相加, 便得到割 $w^{\mathrm{T}} x \leqslant t$, 而有效不等式 $(\lfloor \bar{y}' \rfloor^{\mathrm{T}} A) x \leqslant b^{\mathrm{T}} \lfloor \bar{y} \rfloor$ 是 $Ax \leqslant b$ 的一个非负组合. 所以, P' 为一个有理多面体.

我们可以取第二组割为 P' 的所有可能的 Gomory-Chvatal 割, 第三组为 P'' 的所有可能的 Gomory-Chvatal 割, 依次下去. 因此, 令 $P^{(0)} = P$, $P^{(i)} = P^{(i-1)'}$, 我们有一个由割的组所生成的多面体序列. 根据定理 1.3, 我们可以得到如下定理:

定理 1.4　令 $P = \{x \in R^n : Ax \leqslant b\}$ 为一个有理有界多面体, 那么

对某个整数 k, 有 $P^{(k)} = P_I$.

定义 1.3 (Chvatal 秩) 使得 $P^{(k)} = P_I$ 的最小的整数 k 称为 Chvatal 秩.

Chvatal 秩的概念为寻找 P 的整数凸包提供了一个构架.

割平面算法 (Cutting-plane algorithm)

下面我们叙述割平面算法的基本思路:

(a) 对某个多面体 P, 有此问题的一个整数规划形式 $\max\{w^T x : x \in P\}$, x 是整的, 以及已知对所有整数解都是有效的某些不等式组类.

(b) 利用一种线性规划算法, 找到线性规划松弛形式 $\max\{w^T x : x \in P\}$ 的一个最优解 x^*.

(c) 如果 x^* 是整的, 那么它就是组合问题的一个最优解. 否则, 搜索这些有效不等式类, 找到 x^* 被违反的某些类, 即 $w^T x^* > d$ (而对所有的整数解, 有 $w^T x^* \leqslant d$).

(d) 把这些被违反的不等式添加到线性规划松弛形式中, 并找到一个新的最优解 x^{**}.

(e) 如果 x^{**} 是整的, 那么它就是组合问题的一个最优解. 否则, 搜索这些有效不等式类, 找到 x^{**} 被违反的某些类, 把这些被违反的不等式添加到线性规划松弛形式中, 依次下去.

上述的算法思路可以见图 1.2 的描述.

在任何情形下, 每个线性规划的松弛的最优解都为此组合优化问题的最优值提供了比原来更好的一个上界. 为了使得上面的算法取得成功, 割平面程序必须快速地达到组合问题的一个紧的上界, 这依赖于有效不等式的选取.

由于分支定界法和割平面法在组合优化机器学习求解方法的研究中

有特殊意义, 所以在此我们进行了较为详细的叙述.

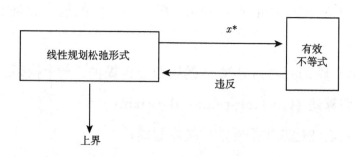

图 1.2　割平面算法 [177]

(5) 近似算法 [178]

对于 NP-难的组合优化问题, 如果实例规模比较大, 求得最优解往往需要相当长的时间. 因此, 如果时间上的限制比对精度上的要求更严格, 可以考虑 "用精度换时间", 即在多项式时间内得到一个与最优解较为接近的可行解, 称为近似解. 近似解有优劣之分, 下面给出其一般的衡量标准.

设 π 是一个极小化目标函数的优化问题, A 是它的一个算法. 对 π 的任何一个实例 I, 算法 A 能够在多项式时间内给出实例 I 的可行解, 记 $C^A(I)$ 是相应的目标函数值, $C^*(I)$ 为实例 I 的最优值. 显然, $\dfrac{C^A(I)}{C^*(I)} \geqslant 1$, 它表示近似解和最优解之间的近似程度, 越接近 1 越好. 由于 $\dfrac{C^A(I)}{C^*(I)}$ 既与算法有关, 又与实例 I 有关, 为了得到关于算法 A 性能的总体评价, 引入下面最坏情况界的概念.

定义 1.4　称

$$r_A = \inf\left\{ r \geqslant 1 \mid C^A(I) \leqslant rC^*(I), \forall I \right\} \tag{1.5}$$

为算法 A 的最坏情况界 (Worst-case Ratio).

若算法 A 的最坏情况界为 r_A，则对任意实例 I，均有 $\dfrac{C^A(I)}{C^*(I)} \leqslant r_A$，或者说 $C^A(I) \leqslant r_A C^*(I)$，从而对算法的性能有了保障，我们把这样的算法称为近似算法 (Approximation Algorithm). 对于极大化目标的优化问题，定义

$$r_A = \inf \left\{ r \geqslant 1 \,|\, C^*(I) \leqslant r C^A(I), \forall I \right\}. \tag{1.6}$$

近似算法的设计和最坏情况界的证明是组合优化研究的难点. 算法 A 的最坏情况界的证明需要对 $\dfrac{C^*(I)}{C^A(I)}$ 的值作出估计，但是 $C^*(I)$ 的值往往是未知的，因此需要给出 $C^*(I)$ 的上界 $C^*_{UB}(I)$（对极小化问题是下界），通过证明 $\dfrac{C^*_{UB}(I)}{C^A(I)} \leqslant r_A$，得到 $\dfrac{C^*(I)}{C^A(I)} \leqslant r_A$. $C^*_{UB}(I)$ 和 $C^*(I)$ 应该尽量接近，否则可能出现证明得到的最坏情况界大于实际的最坏情况界的情况.

(6) 近似方案 [178]

近似算法的最坏情况界越接近 1，说明算法的近似性越好. 通常说的改进近似算法多指设计比现有算法最坏情况界更小的算法.

这样的改进是否存在极限？或者说，怎样的算法才能真正令人满意. 下面介绍一类近似性能 "最好" 的近似算法，称为近似方案.

定义 1.5 算法族 $\{A_\varepsilon : \varepsilon > 0\}$ 称为问题 π 的多项式时间近似方案 (Polynomial Time Approximation Scheme, PATS)，若对任意 $\varepsilon > 0$，算法 A_ε 求解问题 π 的最坏情况界为 $r_{A_\varepsilon} = 1 + \varepsilon$，且算法 $r_{A_\varepsilon} = 1 + \varepsilon$ 的时间复杂性 $f(n) = O(p(n))$，这里 p 为一多项式.

定义 1.6 算法族 $\{A_\varepsilon : \varepsilon > 0\}$ 称为问题 π 的完全多项式时间近似方案 (Full Polynomial Time Approximation Scheme, FPATS)，若对任意 $\varepsilon > 0$，算法 A_ε 求解问题 π 的最坏情况界为 $r_{A_\varepsilon} = 1 + \varepsilon$，且算法 A_ε 的

时间复杂性 (视为实例规模 n 和 ε 的二元函数)$f(n, \varepsilon) = O\left(p\left(n, \dfrac{1}{\varepsilon}\right)\right)$, 这里 p 为二元多项式.

PTAS 和 FPTAS 具有近乎完美的近似性能, 但并不是所有的问题都存在近似方案, 存在 PTAS 的问题也不一定存在 FPTAS. 事实上, 大部分强 NP-完备问题都不存在 FPTAS. 对于一般的旅行商问题, 不存在 PTAS 或 FPTAS, 而欧氏旅行商问题存在 PTAS, Arora 在 1996 年给出了欧氏旅行商问题的时间复杂度为 $O(n^{\frac{1}{\varepsilon}})$ 的 PTAS.

事实上, (F)PTAS 是一族最坏情况界不同的近似算法的合称, 其最坏情况界可无限趋近于 1, 或者说近似解的目标函数值与最优解的目标函数值可以无限接近, 而且这样的近似解可以在多项式时间得到. (F)PTAS 不包含最坏情况界为 1 的算法, 算法的最坏情况界越小, 时间复杂度越高. 另外, 近似方案的设计远比近似算法的设计要困难, 而 FPTAS 的设计又比 PTAS 的设计要困难.

(7) 启发式算法

所谓启发式算法就是根据求解问题的特点, 按照人们经验或某种规则而设计, 在可接受的花费 (计算时间和空间) 下给出待解决组合优化问题的每个实例的可行解, 而且该可行解与最优解的偏离程度不一定事先可以预计, 即这个解与最优解近似到什么程度, 不能确定. 这是一种构造式算法, 比较直观、快速, 利用问题的知识设计求解的方法步骤, 相对比较简单, 这种方法的求解速度较快, 并且由于一些算法加上了随机元素, 有可能跳出局部最优解而得到更接近全局最优解的近似最优解, 但正是有一定的随机性, 所以所得解的质量不一定每次都好. 相对于启发式算法, 其他算法称之为最优化算法或者精确算法或者近似算法. 元启发式算法是启发式算法中比较通用的算法, 如人工神经网络 (Artificial Neural Network) [124]、遗传算法 (Genetic Algorithm) [50]、蚁群算法 (Ant Algorithm) [34]、模拟退火算法 (Simulated Annealing Algorithm) [136]、粒子群算法 (Particle Swarm Algorithm) [11] 等都属于元启发式算法. 这些算法可以在合理的计算资源条件下给出较高质量的解. 按照不同的分类标准, 此类元启发式算法有时还被称为仿生算法或智能优化算法等.

启发式算法通常很简单, 容易在计算机上实现, 一般情况下能够保证计算结果与最优结果的差别不超过某一常数 α, 但是 α 相对于近似算法要大. 也有一些启发式算法虽然无法保证解的近似度, 但计算结果通常都比较理想, 如针对点染色问题提出的算法 [48,85], 以及连续时间网络上的最小费用流问题的增广流算法都是启发式算法. 2009 年, 三位德国科学家在 $Physics\ Review$ 上发表了一篇论文, 用改进的模拟退火算法求解 "圆的填充问题": 将 n 个半径为 $1, 2, \cdots, n$ 的圆, 不重合地置于半径尽可能小得大圆内. 文章中的结果, $n = 24$ 及 $26 \leqslant n \leqslant 50$, 比已有的结果都好, 被认为是一项具有重要意义的成果. 虽然人们对启发式算法的研究进行了将近 50 年, 但它还有很多不足, 启发式算法目前缺乏统一、完整的理论体系, 各种启发式算法都有可能遭遇局部最优的问题等.

1.3.3 组合优化问题的机器学习求解算法

上述各类传统算法在解决诸多组合优化问题时, 都不可避免遇到这样的问题: 相同类型问题的每一个实例, 都需要运行同样的算法重复求解. 但是我们遇到的实际问题, 大多数保留了相同的组合优化结构, 只是在具体数值上有所差异. 也可以理解为, 在许多应用中, 目标函数或约束条件的系数是从相同的分布中采样得到的. 例如, 我们可以考虑以下

情形:

(1) 图匹配问题: 两幅图像的特征点匹配问题, 保证在一一对应的约束下, 对应点的相似度最大, 但是每次给定的图像不同, 特征点也是不同的.

(2) 旅行商问题: 快递员在城区进行送货, 目标是选取覆盖所有客户的一条最优路径并回到出发点, 但是每天的客户位置是不断变换的.

(3) 最小顶点覆盖: 社交网络的广告商会依据内容对社交用户进行定向的广告投递, 希望投递的内容会在社交用户的朋友圈中传递. 但由于社交用户的朋友圈每天是不断变化的, 类似的问题每天会重复解决多次.

(4) 指派问题: 任务指派过程中, 需要对人员进行合理分配而做到利益最大化. 但每天的工作任务和人员是不同的, 就需要对类似的指派问题进行重复计算和规划.

在同一应用领域内出现的问题实例之间存在固有的相似性, 但传统算法没有系统地利用这一事实. 我们可以考虑寻求一种通用的解决问题的方式, 能够线下学习挖掘问题的本质信息, 线上自动更新求解策略, 提高问题求解的效率和质量, 这就引出了本书的主要内容, 即组合优化问题的机器学习求解方法.

组合优化机器学习方法是一个全新的研究领域, 近几年才有一些学者进行研究. 2018 年, Bengio 等 [8] 对近年来利用机器学习求解组合优化问题的各种算法框架和局限性进行了综述性介绍. 他们认为目前利用机器学习求解组合优化问题, 主要有两种发展趋势: ① 基于专家经验和理论基础, 利用机器学习方式替代传统算法中计算复杂度高的步骤, 加快计算效率; ② 受目前人类认知的局限, 现有的经验和理论不足以支撑对问题本质的分析, 所以只能直接利用机器学习方式探索问题的决策空间, 求取近似最优解.

近年来, 利用机器学习求解组合优化问题, 主要有三个研究方向:

(1) 利用机器学习直接求解传统的优化问题, 例如, 深度学习求解 NP-难的组合优化问题、整数规划[79] 等;

(2) 推动人工智能底层的优化问题的进展[12], 如非线性优化、非凸优化等算法;

(3) 通过 Learning to Learn 融入到传统启发式或其他算法中, 进行梯度下降法中的参数学习[2]、分支定界算法中分支法则和节点界限的确定[1,59].

本书首先介绍近年来已经出现的一些利用深度学习求解组合优化问题的开创性工作, 包括利用循环神经网络结合有监督的训练方式求解凸包、德洛内三角剖分、车辆路径问题、二部图匹配等问题; 利用强化学习, 扩大求解 NP-难问题的规模, 求解旅行商问题和背包问题等. 然后介绍我们在这方面的最近的一些研究成果, 包括利用指向型网络, 结合多标签分类的思想, 在有监督的训练方式下, 求解点集匹配问题, 并且网络模型可以直接推广求解德洛内三角剖分等带结构的组合优化问题; 针对图匹配问题, 我们提出矩阵对称压缩的全局特征提取以及基于双向循环神经网络的局部特征提取方式, 结合行动者–评论家强化学习训练方式, 在人工数据集以及实际指纹公开库中验证了模型和算法的有效性. 最后, 我们提出了一种此类基于线下训练、线上运行的学习类算法的时间复杂度的度量方法, 以比较不同算法的优劣. 图 1.3 给出了组合优化机器学习方法的演变过程以及本书的主要内容.

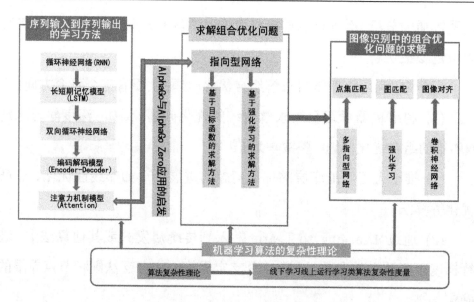

图 1.3   本书主要内容关系图

1.4   本 章 小 结

本章主要介绍了组合优化的一些基本概念和组合优化问题的研究方法, 其中特别说明了组合优化是计算机数学中最关键的内容之一; 优化算法, 特别是组合优化算法在计算机科学中扮演着非常重要的角色; 通过回顾经典的组合优化问题及其求解算法, 分析了算法设计的特点, 引出了组合优化机器学习方法的研究思路.

第 2 章　机器学习与组合优化问题

机器学习方法能通过训练数据自动发现特征, 与只针对一个任务进行优化的传统方式相比, 需要更少的手工标记和专家经验, 而且模型的泛化能力更强, 适用于许多优化任务. 本章对机器学习的主要算法和新兴的深度学习及深度强化学习算法进行简单介绍, 并探讨 AlphaGo 及 AlphaGo Zero 围棋程序对组合优化问题求解的启发式意义.

2.1　机器学习概述

机器学习是一门多领域交叉学科, 涉及了数学学科的许多分支, 如概率论、统计学、最优化理论、计算数学、逼近论、算法复杂度理论等. 它专门研究计算机怎样模拟或实现人类的学习行为, 以获取新的知识或技能, 重新组织已有的知识结构使之不断改善自身的性能. 机器学习是人工智能的核心, 是使计算机具有智能的根本途径, 其应用遍及人工智能的各个领域, 它主要使用归纳、综合而不是演绎. 目前, 在机器学习的多种定义中, 最常引用的是 1998 年 Tom M. Mitchell [106] 提出的: "A computer program is said to learn from experience E with respect to some class of tasks T and performance measure P, if its performance at tasks in T, as measured by P, improves with experience E." "E" 代表积攒的经验, 也就是学习的过程; "T" 是我们想要达成的任务目标; "P" 相当于对学习的总结或者评价. 机器学习是利用数据或以往经验, 在目标任务驱动下, 不断改善性能和实现自身完善的方法.

定义 2.1(机器学习, Machine Learning, ML) 机器学习有下面几种定义:"机器学习是一门人工智能的科学, 该领域的主要研究对象是人工智能, 特别是如何在经验学习中改善具体算法的性能""机器学习是对能通过经验自动改进的计算机算法的研究""机器学习是用数据或以往的经验, 以此优化计算机程序的性能标准".

机器学习的核心是"学习", 是让机器具有学习的能力. 机器学习中的"学"实际上可以认为是模型和算法设计, 而"习"则可以认为是训练过程.

2.1.1 机器学习发展历程

机器学习的发展主要经历了: 20 世纪 40 年代至 60 年代的萌芽时期; 20 世纪 60 年代中叶至 70 年代中叶的冷静时期; 20 世纪 70 年代中叶至 80 年代中叶的复兴时期; 20 世纪 90 年代后的成型时期; 以及 2006 年至今, 深度学习井喷式发展的爆发时期.

1. 萌芽时期

心理学家 Hebb 于 1949 年提出了基于神经心理的学习方式, 该学习理论的核心思想是当两个神经元同时处于兴奋或抑制状态时, 两者之间具有很强的正相关性, 基于该假设定义的权值调整方法被称为"Hebb 学习规则". 1950 年, 阿兰·图灵创造了图灵测试来判定计算机是否智能. 图灵测试认为, 如果一台机器能够与人类展开对话 (通过电传设备) 而不能被辨别出其机器身份, 那么称这台机器具有智能. 1952 年可以认为是机器学习的元年, IBM 科学家 Arthur Samuel 开发了一个跳棋程序, 该程序能够通过观察当前位置, 通过自学习, 不断提高下棋水平, 并战胜了他本人. 1956 年, 塞缪尔在达特茅斯的会议报告中, 首次提出了 "机器学习" 这一术语, 他将其定义为 "可以提供计算机能力而无需显式编程的研究领域". 1957 年, F. Rosenblatt 基于神经感知科学背景提出了第一个计算机神经网络——感知机[124], 它模拟了人脑的运作方式. 1967 年, 最近邻算法 (The Nearest Neighbor Algorithm)[30] 出现, 使计算机可以进行简单的模式识别.

2. 冷静时期

从 20 世纪 60 年代中叶到 70 年代末, 机器学习的发展步伐几乎处于停滞状态. 由于理论匮乏、现实问题难度的提升、计算机硬件的限制等种种原因, 使得整个人工智能领域的发展都遇到了很大的瓶颈. 1969 年, Marvin Minsky 提出了著名的异或问题[105], 指出感知机在线性不可分的数据分布上是失效的, 进一步加速了以感知器为核心的单层人工神经网络的衰败. 虽然这个时期 Winston 的结构学习系统和 Hayes Roth 等的基于逻辑的归纳学习系统取得较大的进展, 但它只有逻辑推理能力, 距离人工智能相差甚远.

3. 复兴时期

1980 年, 美国卡内基梅隆大学举办了首届机器学习国际研讨会, 标志着机器学习在世界范围内的复兴. 1981 年, Werbos 在神经网络反向传播算法中具体提出多层感知机模型 (Multi-Layer Perceptron, MLP), 促成了第二次神经网络大发展. 1983 年, 美国加州理工学院物理学家 Hopfield 等[66] 采用新型的全互连神经网络, 很好地解决了旅行商问题. 1985—1986 年, 神经网络的研究者们成功实现了实用的误差反传算法来训练多层感知机. 同一时期, Quinlan 于 1986 年提出了一种非常著名的机器学习算法, 即 "决策树" 算法 [119], 具体地说是 ID3 算法. 这是另一个主流机器学习算法的突破点. 决策树以简单的规划和明确的推论解决了更多的现实案例. 在 ID3 算法提出来以后, 研究者已经探索了许多不同的选择或改进 (如 C4.5 [120]、回归树 [16] 等), 这些算法现在仍然活跃在机器学习领域中.

4. 成型时期

1995 年, Vapnik 提出的支持向量机 (Support Vector Machine, SVM) [146] 是机器学习领域的另一大重要突破. 该算法具有非常强大的理论基础和实验效果. 支持向量机基于最大化分类间隔的原则, 通过核函数将线性不可分问题转换为线性可分问题, 并且具有良好的泛化能力. 而这一时期, 深度神经网络受梯度消失和过拟合问题的影响, 与支持向量机相比处于劣势. 与此同时, 集成学习通过多个基学习器的结合来完成学习任务, 成为机器学习的重要延伸, 主要包括: 1990 年, Schapire 等最先构造出一种多项式级的 Boosting 算法 [40]; 1995 年, Freund 和 Schapire 改进了 Boosting 算法, 提出了 AdaBoost (Adaptive Boosting) 算法 [41], 不需要任何关于弱学习器的先验知识, 更易应用到实际问题当中; 1996 年, Breiman 提出了 Bagging 算法 [14], 在构建模型中引入随机性, 减少基估计器的方差, 在多数情况下, 它用一种非常简单的方式来对单一模型进行改进, 而无需修改背后算法; 2001 年, Breiman 提出的随机森林算法 [15], 通过构建多个决策树, 将它们合并在一起以获得更加准确和稳定的预测.

5. 爆发时期

2006 年, Hinton 等 [63] 提出了 "深度信念网络" [63] 算法, 使神经网络的能力大大提高, 开启了深度学习在学术界和工业界的浪潮, 向支持向量机发出挑战. 当前机器学习领域最热门的两个方法主要是深度学习和支持向量机, 支持向量机可以在高维特征空间中建立线性学习机, 不但几乎不增加计算的复杂性, 而且在某种程度上避免了"维数灾难"; 深度学习可以处理如目标识别、语音处理、自然语言处理、计算机视觉等更加复杂的任务.

2.1.2 机器学习分类

机器学习的分类方式有很多种, 如按照学习方式分类, 可分为: 有监督学习、无监督学习、半监督学习以及强化学习; 按照学习任务分类, 又可分为: 分类、回归、聚类. 我们基于前端学习和后端学习的二元分层模式, 并对机器学习的主要算法进行分类 [175].

1. 前端学习——特征学习

机器学习的首要问题是数据空间的描述, 即数据再表达问题, 我们称之为前端学习模式. 该层学习的输入是观测到的原始数据 (样本), 学习的目的是发现特征, 在有或者没有目标类标签的情况下, 通过学习得到数据的特征; 该层学习的输出是数据 (样本) 的特征, 或者说是对数据的一种再表达. 前端学习主要有基于专家经验、基于样本数据和基于模型三种方式. 基于专家经验的学习是利用样本数据的性质和专家的经验, 人工发现和定义特征; 基于样本数据的学习, 利用样本数据, 结合前端模型的机器学习算法, 发现特征; 基于模型的学习, 是利用数学理论的方式对问题或函数空间进行描述, 通过构造基函数等方式对特征进行表示, 主要包括函数空间的基分解、非负矩阵分解、主成分分析、数据降维、稀疏表示、数据压缩等方式.

2. 后端学习——判别学习

机器学习的第二个研究内容是推理策略, 根据学习得到的算法模型, 预测未来、指导行动, 这种学习称为后端学习模式. 后端学习的输入一般为前端学习得到的数据特征, 通过有监督或无监督的训练方式, 学习得到模式分类或识别的能力, 输出的是对未知数据的分类或识别结果. 常见的聚类算法、最近邻算法、回归算法、决策树算法、支持向量机等都属于后端学习模式, 算法并没有涉及数据再表达问题, 更多的考虑是目标任务.

3. 前后端 "融合" 学习

前后端融合学习是指使用统一设计的学习模型, 将前端学习和后端学习融合为一体, 通过学习, 直接输出识别或分类的结果. 输入的都是观测到的原始数据 (样本), 输出的都是对数据 (样本) 的分类或者识别结果. 目前发展较为迅速的深度学习及深度强化学习, 若不接分类器或识别器, 则属于前端学习, 但其表示内容通常无法理解, 因此通常意义上讲, 这类学习方式为前后端融合学习. 前后端融合学习, 将特征提取和目标任务结合为一个端对端的框架内, 有效地避免了信息损失, 是现在人们关注的重点.

2.1.3   深度学习

深度学习 (Deep Learning) [51,86,126] 是机器学习中模拟人脑的神经结构对数据进行表征学习的方法, 其目的是建立可以模拟人脑对数据进行分析学习和解释的模型. 深度学习之所以称为 "深度", 是因为深度学习是含多个隐层的多层学习模型, 可以通过组合低层特征形成更加抽象的高层表示属性、类别或特征, 以发现数据的分布式特征表示. 随着大数据的发展, 以及大规模硬件加速设备的出现, 特别是 GPU、TPU 的不断提升, 推动了深度学习的普及性和实用性.

1957 年, 美国计算机科学家 F. Rosenblatt [124] 提出感知器. 感知器可谓是最早的人工神经网络. 单层感知器是一个具有一层神经元、采用阈值激活函数的前向网络. 通过对网络权值的训练, 可以使感知器对一组输入矢量的响应达到元素为 0 或 1 的目标输出, 从而实现对输入矢量分类的目的. 但早期的感知机模型无法解决非线性数据的分类问题, 后来又有学者提出多层神经网络 [45] 能够解决非线性问题, 但却没有提出多层神经网络的有效训练方法.

1986 年 David Rumelhart 等学者出版的《平行分布处理: 认知的微观结构探索》一书中完整地提出了误差反向传播 (Back Propagation, BP) 算法, 系统解决了多层网络中隐藏层单元连接权重的学习问题, 并在数学上给出了完整的推导. 但是误差反向传播算法随着神经元节点的增多, 训练时间容易变长, 并且神经网络的目标函数求解往往是一个非凸优化问题, 容易陷入局部最优解; 理论上说网络层数越多, 神经网络的学习能力越强, 但是由于误差反向传播算法导致的梯度消失和梯度爆炸的问题, 随着网络层数的增多, 网络的学习能力并未随之提高.

2006 年加拿大多伦多大学的 Geoffrey E. Hinton 和他的学生 Ruslan Salakhutdinov 在《科学》上发表了文章 [63], 首次提出 "深度信念网络", 自此深度学习受到了科研机构、工业界的高度关注. 深度学习网络采用传统的误差反向传播训练方式以及随机初始化的方式来初始化权值参数, 并且利用预训练 (Pre-training) 的方式, 可以使得神经网络中的权值能够更方便地找到一个接近最优解的初始值, 再用 "微调" (Fine-tuning) 技术对整个网络进行优化训练, 这两个技术有效地减小了网络的训练时间, 并缓解了误差反向传播算法导致的梯度消失的问题.

　　深度学习真正受人瞩目是 2012 年的 ImageNet 图像识别比赛, Hinton 领导的小组采用深度学习模型 AlexNet [82] 对包含一千类别的一百万张图片进行了训练, 分类错误率只有 15%, 打败了谷歌团队. AlexNet 采用 ReLU(Rectified Linear Unit) [49] 激活函数, 从根本上解决了梯度消失问题, 并采用 GPU 极大地提高了模型的运算速度. 此后深度学习呈爆发式的发展, 2013—2016 年, 通过 ImageNet 图像识别比赛, 深度学习的网络结构、训练方法和 GPU 硬件的不断进步, 促使其在其他领域也取得了令人瞩目的成就. 可以说, 当前人工智能的研究热潮, 在很大程度上得益于深度学习的成功应用.

　　近年来, 深度学习技术还有效地推动了自然语言处理技术的发展, 广泛应用于问题回答 [69]、机器翻译 [138,159]、句法分析 [150]、图像理解 [76,151]、语义相似度 [152]、文本生成 [75] 等领域中. 深度学习主要为自然语言处理的研究带来了两方面的变化: 一方面是使用统一的分布式 (低维、稠密、连续) 向量表示不同粒度的语言单元, 如词、短语、句子和篇章等; 另一方面是使用循环、卷积、递归等神经网络模型对不同的语言单元向量进行组合, 获得更大语言单元的表示.

　　此外, 深度学习在医疗领域 [122], 可以用于放射照片检测 [21,24]、癌症诊断 [38,56]、构建电子健康档案 [121,128] 等, 帮助临床医生提高治疗和诊断的准确率; 金融领域 [62] 可以用来预测股价, 还可以用来识别欺诈; 精准营销 [170], 为用户推荐感兴趣的产品广告; 农业上 [110], 还可以用来识别植物患病与否.

2.1.4 深度强化学习

深度学习又一里程碑式的工作是, 2016 年以来 Deepmind 团队开发的 AlphaGo [130] 和 AlphaGo Zero [131], 利用深度学习和强化学习的优势, 并依托强大的硬件支持击败了人类顶尖围棋高手. AlphaGo 和 AlphaGo Zero 的成功证明了深度学习能够在复杂高维的状态动作空间中进行端到端的感知决策.

深度强化学习是机器学习中的一个新的研究领域, 将具有感知能力的深度学习和具有决策能力的强化学习相结合 [179], 通过端对端的学习方式实现了从原始输入到输出的直接控制. 深度学习通过深层的网络结构和非线性变换, 组合低层特征形成更加抽象的高层表示属性、类别或特征, 以发现数据的分布式特征表示, 侧重于对事物的感知和表达. 强化学习通过最大化智能体 (Agent) 从环境中获得的累计奖赏值, 学习完成目标的最优策略, 侧重于学习解决问题的策略. 在面对越来越复杂的现实任务中, 研究者提出利用深度学习自动发现输入数据的抽象表示, 以此为依据进行自我改进的强化学习, 优化模型参数, 由此将两者结合提出了深度强化学习. 近年来, 深度强化学习技术在游戏 [108,109]、机器人控制 [35,55,91] 以及视频预测 [114] 中得到了广泛应用, 取得了显著的成果. 特别是, AlphaGo [130] 和 AlphaGo Zero [131] 围棋算法, 利用深度强化学习网络模型结合蒙特卡罗树搜索, 成功地击败了世界围棋冠军.

深度强化学习强调如何基于环境选择行动, 以取得最大化的预期收益. 其思想来源于心理学中的行为主义理论, 即智能体如何在环境给予的奖励或惩罚的刺激下, 逐步形成对刺激的预期, 产生能获得最大利益的习惯性行为. 其学习过程可以描述为: ① 在每个时刻智能体 (Agent) 与环

境 (Environment) 交互得到一个高维度的状态表示, 并利用深度学习的方法来感知观察, 以得到抽象或具体的状态 (State) 特征表示; ② 基于预期回报 (Reward) 来评价各动作的价值函数, 并通过合适的策略将当前状态映射为相应的动作 (Action); ③ 环境对此动作做出反应, 并得到下一个观察. 通过不断循环以上过程, 最终可以得到实现目标的最优策略[179]. 图 2.1 描述了深度强化学习的基本流程.

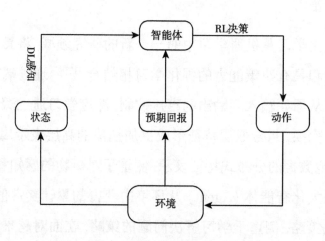

图 2.1　深度强化学习示意图

1. 强化学习

强化学习[139] 通常可以建模为一个马尔可夫决策过程 (Markov Decision Process, MDP). 马尔可夫决策过程可以用一个多元组 (S, A, P, R, γ) 来表示, 其中 S 是决策过程中的状态集合; A 是决策过程中的动作集合; P 是状态之间的转移概率; R 是采取某一动作到达下一状态后的回报值 (也可看作奖励); γ 是折扣因子.

强化学习关注的不仅仅是当前的回报, 状态 s_t 到 s_{t+1} 会有一个回报, s_{t+1} 到 s_{t+2} 同样会有一个回报, 以此类推. s_t 对 s_{t+1} 的影响很大, 但

对于 $s_{t+2}, s_{t+3}, \cdots$ 会越来越小, 所以提出了一个折扣因子 γ 来减小后面状态的回报对当前状态衡量的影响, 提出了累计回报函数:

$$G_t = R_{t+1} + \gamma R_{t+2} + \cdots = \sum_{k=0}^{\infty} \gamma^k R_{t+k+1}. \tag{2.1}$$

状态动作值函数 (Action-value Function) $Q(s, a)$ 表示智能体从状态 s 出发, 执行动作 a 后再使用策略 π 的累计奖赏:

$$Q(s, a) = \mathrm{E}[G_t | S_t = s, A_t = a, \pi]. \tag{2.2}$$

状态动作值函数遵循贝尔曼方程:

$$Q(s, a) = \mathrm{E}_{s' \sim S}[R + \gamma \max_{a'} Q(s', a') | s, a]. \tag{2.3}$$

最优状态动作值函数 $Q^*(s, a)$ 指的是在所有的策略中产生的状态动作价值函数中最大的那个函数:

$$Q^*(s, a) = \max_{\pi} \mathrm{E}[G_t | S_t = s, A_t = a, \pi]. \tag{2.4}$$

强化学习通过 Q 值来选取能够获得最大的收益的动作, 一般通过贝尔曼方程迭代求解:

$$Q_{i+1}(s, a) = \mathrm{E}_{s' \sim S}[R + \gamma \max_{a'} Q_i(s', a') | s, a]. \tag{2.5}$$

从而得到最优策略 $\pi^* = \arg\max_{a \in A} Q^*(s, a)$. 然而对于实际问题而言, 状态空间一般很大, 使用迭代方式求解 Q 值计算量太大, 一般不可行, 因此通常使用线性或非线性函数近似表示状态动作值函数.

2. 基于值函数的深度强化学习

DeepMind 团队在 2013 年提出了深度 Q-网络 (Deep Q-network, DQN) 算法 [108], 2015 年又提出了深度 Q-网络的改进版本 [109]. 深度

Q-网络算法是基于经典强化学习算法 Q-learning, 用深度神经网络拟合其中的 Q 值的一种方法, 是深度学习和强化学习的第一次成功结合. 深度 Q-网络所做的是用一个深度神经网络估计价值函数, 并进行端到端的拟合, 发挥深度网络对高维数据输入的处理能力, 依据强化学习中的 Q-learning, 为深度网络提供目标值, 对网络不断更新直至收敛.

算法对传统的 Q-learning 做了两点改进:

(1) 经验重放 (Experience Reply): 将采集到的样本先放入样本池, 然后从样本池中随机选出小批量样本, 使用随机梯度下降算法用于对网络参数 θ 的训练. 这种处理打破了样本间的关联, 使样本间相互独立, 提升了算法的稳定性.

(2) 固定目标值网络 (Fixed Q-target): 除了使用深度神经网络近似表示当前的值函数 $Q(s, a|\theta_i)$ 外, 单独设计了另一个更新较慢的目标值网络计算 $Q(s, a|\theta_i^-)$, 得到目标 Q 值 $Y_i = R + \gamma \max_{a'} Q(s, a|\theta_i^-)$. 通过最小化当前 Q 值和目标 Q 值之间的均方误差更新网络参数:

$$L(\theta_i) = \mathrm{E}_{s,a,R,s'}[(Y_i - Q(s, a|\theta_i))^2]. \tag{2.6}$$

由于目标值网络的更新慢于当前值函数网络, 在一定程度降低了当前 Q 值和目标 Q 值的关联性, 提高了训练的稳定性和收敛性.

例如, 在游戏玩法的学习中, 深度 Q-网络算法的输入只有游戏屏幕的图像和游戏的得分, 在没有人为干预的情况下, 电脑自己学会了游戏的玩法, 而且在 29 个游戏中打破了人类玩家的记录. Hasselt 等 [145] 基于双 Q-学习算法 (Double Q-learning) [58], 提出了深度双 Q-网络 (Deep Double Q-network, DDQN) 算法. Bellemare 等 [6] 在贝尔曼方程中定义新的操作符, 来增大最优动作值和次优动作值之间的差异, 以缓和每次都选取下一状态中最大 Q 值对应动作所带来的评估误差.

3. 基于策略梯度的深度强化学习

基于策略梯度的方法[140]广泛应用于状态空间过大或连续空间的强化学习问题中. 与基于值函数的算法相比, 它不需要计算值函数, 而是将策略 π 参数化表示为 π_θ, 直接计算与动作相关的策略梯度, 沿梯度方向调整动作, 以端对端的形式在策略空间内得到最优策略.

基于策略梯度的方法直接优化策略的期望总奖赏:

$$J(\theta|s) = \max_\theta \text{E}[G|\pi_\theta, s], \tag{2.7}$$

其中, $G = \sum_{t=0}^{T-1} R_t$ 表示一个完整情节内获得的总奖赏. 观测信息根据期望总奖赏进行反向传播, 利用奖赏 G 直接对选择行为的可能性进行增强和减弱, 好的行为会被增加下一次被选中的概率, 不好的行为会被减弱下次被选中的概率.

通常选择随机梯度下降方式的 REINFORCE[155] 算法来优化策略参数 π_θ,

$$\nabla_\theta J(\theta|s) = \nabla_\theta \sum_{t=0}^{T-1} \log \pi(a_i|s_i, \theta)(G - b), \tag{2.8}$$

其中, b 是一个与当前策略 π 无关的常数, 通常为总奖赏 G 的期望估计, 以降低 G 的方差且不改变梯度大小.

基于策略梯度对策略进行参数化表示, 与值函数方式相比更简单、更容易收敛, 可以解决状态空间过大或者连续的情形, 采取的随机策略可以将探索直接集成到算法当中. 但是基于策略梯度的方式也有一定局限性, 容易收敛到局部最小值, 评估单个策略时并不充分, 方差较大.

4. 基于行动者–评论家的深度强化学习

基于策略梯度的方式可以在连续动作空间内选择合适的动作, 但是策略梯度的方式是基于一个完整情节更新, 所以学习效率比较慢; 基于值函数的算法会因为空间过大而爆炸. 如果使用基于值函数的算法作为评论家 (Critic) 就可以实现单步更新, 避免陷入局部极值. Lillicrap 等 [91] 将价值函数与策略的显式表示相结合合提出了基于行动者–评论家的深度强化学习方法, 并且使用深度确定性策略梯度 (Deep Deterministic Policy Gradient, DDPG) 算法实现该方法. 行动者–评论家方法事实上是一种学习结构, 该结构包含两个网络: 一个策略网络 (Actor), 一个估值网络 (Critic). 策略网络输出动作, 估值网络评判动作, 两者都有自己的更新信息. 策略网络通过梯度计算公式进行更新, 而估值网络根据目标值进行更新.

深度确定性策略梯度算法分别使用参数为 θ^p 和 θ^v 的深度神经网络表示策略网络 $\mu(s|\theta^p)$ 和估值网络 $Q(s, a|\theta^v)$. 定义目标函数为带折扣的奖励和:

$$J(\theta^p) = \mathrm{E}_{\theta^p}[R_1 + \gamma R_2 + \cdots]. \tag{2.9}$$

通过随机梯度下降的方式更新策略网络参数 θ^p:

$$\nabla_{\theta^p} J(\theta^p) = \mathrm{E}_{\theta^p}[\nabla_a Q(s, a|\theta^v)\nabla_{\theta^p}\mu(s|\theta^p)]. \tag{2.10}$$

通过深度 Q-网络算法中更新至网络的方法更新估值网络参数 θ^v:

$$\nabla_{\theta^v} L(\theta^v) = \mathrm{E}_{\theta^v}[(y - Q(s, a|\theta^v))\nabla_{\theta^v}Q(s, a|\theta^v)], \tag{2.11}$$

其中 $y = R + \gamma Q(s', \mu(s'|\theta^p)|\theta^v)$.

深度确定性策略梯度算法应对高维的输入, 实现端对端的控制, 且可以输出连续动作, 使得深度强化学习方法可以应用于较为复杂的有大的动作空间和连续动作空间的情境.

深度确定性策略梯度算法使用的经验重放解决了强化学习满足独立同分布的问题, 但是使用了更多的资源和交互计算量. 针对此问题, Deep-Mind 团队提出了一种轻量级的异步学习框架 A3C[107], 使用异步的梯度下降法优化网络参数. 在训练时间更短的情况下, A3C 算法在 Atari2600 游戏任务中的平均性能得到明显提升. AlphaGo 围棋程序就是利用基于行动者–评论家的深度强化学习结合蒙特卡罗树搜索方式, 达到了超过人类顶尖棋手的水准, 对人工智能的发展具有里程碑式的意义.

2.2 围棋人工智能方法对求解组合优化问题的启示

围棋自古以来就有 "纵横十九道, 迷煞多少人" 之说. 对于每一个交叉点, 处于下黑子、下白子或空着三种情况之一, 361 个交叉点, 就有 3^{361} 个可能的变化, 据说这超过了宇宙中所有基本粒子的总数. 对于围棋, 其难度完全是由搜索的宽度和深度来决定的. 1997 年 5 月 11 日, IBM 的国际象棋计算机程序 "深蓝" 首次击败了等级分排名世界第一的棋手加里 • 卡斯帕罗夫. 机器的胜利标志着国际象棋历史的新时代. 国际象棋每步的搜索宽度和深度分别约为 35 和 80 步. 而围棋每步的搜索宽度和深度则分别约为 250 和 150 步, 搜索计算量远远超过国际象棋. 从理论上来说, 可以通过暴力搜索所有可能的对弈过程来确定最优的走法, 但以目前的计算水平和硬件条件是没有办法穷举出围棋所有的可能结果, 需要一种更加有效的方式.

2016 年, 由谷歌旗下 DeepMind 团队利用深度神经网络结构结合强化学习的思想开发的 AlphaGo, 与围棋世界冠军、职业九段棋手李世石进行围棋人机大战, 以 4:1 的总比分获胜. 2016 年 12 月 29 日晚起到 2017 年 1 月 4 日晚, AlphaGo 在弈城网和野狐网以"大师"(Master) 为注册名, 依次对战数十位人类顶尖高手, 取得 60 胜 0 负的辉煌战绩. 同年 5 月, 在乌镇对战世界围棋第一人柯洁, 取得了 3:0 的成绩. 2017 年 10 月 19 日, DeepMind 团队在《自然》杂志发布了一篇新的完全不依赖人类棋手经验的论文 [131], 详细介绍了 AlphaGo Zero. 经过 3 天的训练, AlphaGo Zero 击败了 Master 版本, 并宣布 AlphaGo 相关程序不再参加任何围棋比赛. 下面我们将分别分析 AlphaGo 和 AlphaGo Zero 算法的基本原理, 以及它们对求解组合优化问题的启示.

2.2.1   AlphaGo

AlphaGo 在蒙特卡罗树搜索 [28,80] 的框架下利用"两个大脑": 策略网络和估值网络合作下棋. 策略网络和估值网络与人类思维类似, 对事态同时做出宏观和微观分析. 策略网络着眼细部, 通过模拟围棋专家的走子方式计算下一步的落子概率, 剔除低可能性的步骤来减少搜索宽度. 估值网络纵观全局, 通过评估当前棋盘获胜的概率来减少搜索的深度. 利用围棋专家和自对弈产生的棋谱对两个网络进行有监督学习和强化学习训练. 结合蒙特卡罗树搜索技术, 配合强大的计算资源, AlphaGo 可以在短时间内做出多种模拟, 不断反复, 最终形成判断哪种方案是获胜概率最高的.

1. 棋局表示

AlphaGo 要能够下棋, 就必须首先可以认围棋.

在普通人眼中棋局就是黑子、白子、空三种情况的组合排列, 一种最为简单的方式, 就是将当前棋局表示为一个 19×19 的二维矩阵, 矩阵中的每个点以 "1" 表示白子, "0" 表示空, "−1" 表示黑子. 在围棋高手眼中, 除了分析局部落子位置以外还需估计棋盘局势, 如果仅将一幅矩阵图像输入神经网络, 对于千变万化围棋盘面, 需要耗费更多的计算资源和计算量才能学习到各棋子之间复杂的非线性关系.

为了模拟围棋高手对棋局的判断, DeepMind 团队利用围棋中的 "气" "目" "空" 等概念, 将棋盘局面表示成 48 张特征图, 输入到深度卷积神经网络中. 详细见参考文献 [130](注：估值网络的特征图为 49 张, 增加了当前棋手是否为黑棋的判断). 策略网络 (如图 2.2(a)) 和估值网络 (如图 2.2(b)) 的网络结构相似, 输入一个三阶张量, 利用 13 层的卷积神经网络进行特征提取. 两个网络的主要区别在于输出层：策略网络的输出是一个 361 维的向量, 表示每一个点的落子概率; 估值网络的输出是一个预测值, 是对当前棋局胜负的概率估计.

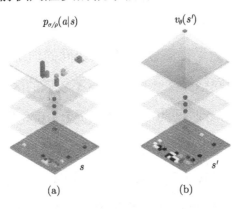

图 2.2　(a) 策略网络, (b) 估值网络 [130]

虽然我们常说 AlphaGo 有两个大脑, 但围棋程序实际上由三个深度神经网络组成, 除策略网络和估值网络之外, 还设置了快速走子网络

$p_\pi(a|s)$. 快速走子网络的目标与策略网络相同, 在适当牺牲走棋质量的条件下, 预测落子概率, 在蒙特卡罗树搜索中与估值网络配合进行权重打分, 共同评估当前棋局胜负概率.

2. 训练方式

AlphaGo 首先使用人类棋谱对策略网络和快速走子网络进行有监督的训练, 然后使用强化学习的自我博弈对策略网络进行调整, 改善策略网络的性能, 并使用自我对弈和快速走子结合形成的棋谱数据, 通过强化学习训练估值网络.

DeepMind 团队从围棋对战平台 KGS 上获取了职业围棋选手相互对弈的棋谱, 展示了各种棋局如何落子的示例, 以此得到 3000 万个训练样本. 大量输入随机采样得到的 "棋谱局势–落子" 匹配对 (s, a) 作为训练样本, 通过有监督方法, 利用随机梯度上升算法, 模拟职业棋手的落子方式. 有监督的策略网络 $p_\sigma(a|s)$ 在训练过程中, 完全不考虑「赢」这件事, 只需要能准确预测棋手的落子位置即可, 准确率约为 57%. 策略网络落子时间约为 3ms, 为了提高效率, 使用相同的训练方式, 输入棋盘局部特征, 通过卷积神经网络排除一些落子概率较低的区域不去计算, 训练得到快速走子网络的落子时间为 2μs, 速率提升 1000 倍以上.

为了能更好地应对训练集中未出现的棋盘局势, Silver 等 [130] 在 $p_\sigma(a|s)$ 的基础上采用基于策略梯度的强化学习方法训练了进阶版的策略网络 $p_\rho(a|s)$, 进一步提高了策略网络的对弈能力. $p_\rho(a|s)$ 与 $p_\sigma(a|s)$ 网络结构相同, 输出仍然是给定棋局条件下的落子概率, 只是学习目标不再是模拟职业棋手的落子方式, 而是以赢为训练目标. 首先利用训练好的策略网络 $p_\sigma(a|s)$ 的参数 σ 和初始化网络 $p_\rho(a|s)$ 的参数 ρ, 然后利

用当前策略网络 p_ρ 与随机选择的历史版本的策略网络进行自对弈. 定义赏罚函数 $r(s)$, 对于非终止时间步 $t < T$, 记 $r(s_t) = 0$, 每一步的收益 $z_t = \pm r(s_T)$: 即对当前玩家而言, 在每一个时间步, 赢棋 "+1", 输棋 "−1", 使用随机梯度上升算法优化网络参数. 利用这种方式训练得到的策略网络 $p_\rho(a|s)$ 与有监督的策略网络 $p_\sigma(a|s)$ 对弈的胜率为 80%.

估值网络 $v^p(s)$ 的作用是双方策略 p 给定的条件下, 预测当前棋盘局势的胜负概率, 即

$$v^p(s) = \mathrm{E}[z_t | s_t = s, a_{t\ldots T} \sim p]. \tag{2.12}$$

通过随机梯度下降法最小化估值网络的预测值 $v_\theta(s)$ 与标签值 z 的均方误差训练网络参数 θ. 由于棋局相近的两手只差一子, 训练时容易导致网络记住最终结果而忽视棋盘局面. 为了克服这一点, DeepMind 团队通过策略网络 $p_\rho(a|s)$ 自对弈的方式产生 3000 万盘棋局, 每一盘棋只取一个样本来训练以避免过拟合. 通过这种方式训练的估值网络在测试集上的均方误差为 0.234.

3. 蒙特卡罗树搜索

最终在线对弈时, 结合策略网络和估值网络的蒙特卡罗树搜索在当前局面下选择最终的落子位置. 蒙特卡罗树的节点 s 表示当前棋盘局势, 边 (s, a) 记录动作–值函数为 $Q(s, a)$、搜索次数为 $N(s, a)$ 和先验概率为 $P(s, a)$. 每次模拟搜索过程主要包括: 选取、展开、评估和反向更新四个步骤, 如图 2.3 所示.

步骤 1 (选取): 从当前的棋盘局势 s_t 开始递归选择最优落子方式

a_t, 直至叶子节点 s_L:

$$a_t = \arg\max_a (Q(s_t, a) + u(s_t, a)), \tag{2.13}$$

其中,

$$u(s, a) \propto \frac{P(s, a)}{1 + N(s, a)}, \tag{2.14}$$

$u(s, a)$ 与先验概率 $P(s, a)$ 成正比, 与访问次数 $N(s, a)$ 成反比, 是为了鼓励探索和发现新的节点.

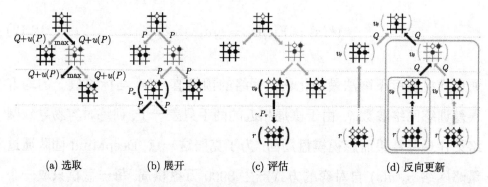

(a) 选取   (b) 展开   (c) 评估   (d) 反向更新

图 2.3   蒙特卡罗树搜索过程 [130]

步骤 2 (展开): 当到达的叶子节点 s_L 不是围棋终局状态时, 且访问次数到达一定数目 (实验中, 设置为 40 次) 才对该节点进行展开. 利用策略网络 $p_\sigma(a|s)$ 计算当前叶子节点的局面下所有可能的落子概率, 储存到 $P(s, a)$ 中. 为了加快计算速率, 每个叶子节点只使用策略网络计算一次.

步骤 3 (评估): 首先利用估值网络 $v_\theta(s_t)$ 获得当前叶子节点的胜负预测值 $v_\theta(s_L)$, 然后利用快速走子网络 $p_\pi(a|s)$ 自对弈直至博弈结束, 获得最终胜负结果 z_L. 使用这两种方式共同评估叶子节点,

$$V(s_L) = (1 - \lambda)v_\theta(s_L) + \lambda z_L, \tag{2.15}$$

文献 [130] 中 $\lambda = 0.5$, 两种方式估计的棋盘局势各占一半.

步骤 4 (反向更新): 自叶子节点反向更新动作–值函数 $Q(s,a)$ 和每条边的访问次数 $N(s,a)$,

$$N(s,a) = \sum_{i=1}^{n} 1(s,a,i), \tag{2.16}$$

$$Q(s,a) = \frac{1}{N(s,a)} \sum_{i=1}^{n} 1(s,a,i)V\left(s_L^i\right), \tag{2.17}$$

s_L^i 表示第 i 次模拟过程中的叶子节点, $1(s,a,i)$ 表示第 i 次模拟过程中是否访问边 (s,a).

在分配的模拟搜索时间结束后, 选择访问次数 $N(s,a)$ 最大的策略 a 作为当前的走子策略. 通过选择步骤, 蒙特卡罗树搜索算法降低了搜索的宽度; 通过评估步骤, 算法进一步降低了搜索的深度, 极大地提高了复杂博弈问题的效率.

AlphaGo 与其他基于蒙特卡罗树搜索的围棋程序 Crazy Stone, Zen, Pachi, Fuego 进行对弈, 在 495 局中只输了一局, 胜率是 99.8%. 为了增加挑战性, 在让四子的条件下, 对战 Crazy Stone, Zen, Pachi, 分别取得了 77%, 86% 和 99% 的战绩. 以 5 : 0 完胜欧洲围棋冠军、职业二段选手樊麾, 这是人工智能围棋程序在无让子的情况下, 首次击败职业围棋选手 (以下简记这一版本为 AlphaGo Fan).

而与围棋世界冠军、职业九段棋手李世石对战中 4 胜 1 负, 这是 AlphaGo 有记载的公开的第一局失利. 复盘时分析失败原因在于, 在 AlphaGo 的评估中, 李世石走 "白 78 手" 的概率大概是万分之一, 它没有想到李世石会这样走, 很难判断基于这一步继续往下搜索之后的胜负状态. 主要原因在于策略网络, 是根据人类对弈棋谱数据训练出来的模型, 它很难去预测"白 78 手"这样的所谓"神之一手".

2.2.2   AlphaGo Zero

2017 年 10 月 AlphaGo Zero 横空出世, 完全不依赖任何专家经验, 通过自对弈的方式优化网络参数, 经过三天训练以 100：0 战胜之前 AlphaGo Fan 版本, 经过 21 天训练达到 AlphaGo Master 水平, 经过 40 天的训练, 打败之前所有 AlphaGo 版本.

AlphaGo Zero 与之前版本的区别在于:

1. 棋局表示

不再使用人工设计的特征, 而是利用基于时序的棋局表示, 直接使用当前棋盘上黑白棋子的摆放位置和历史落子方式作为原始数据输入到神经网络中. 网络的输入为 $19 \times 19 \times 17$ 三阶张量

$$S_t = \left\{ x_t^b, x_t^w, x_{t-1}^b, x_{t-1}^w, \cdots, x_{t-7}^b, x_{t-7}^w, x_t^c \right\}, \tag{2.18}$$

S_t 各组成部分分别表示黑子和白子当前摆放位置和前 7 步的摆放位置, 以及当前执棋方.

2. 网络结构

与之前版本相比, 使用一个深度神经网络代替之前两个独立的策略网络和估值网络, 同时输出当前棋盘局势的落子策略和胜率值. 实际上相当于两个网络共享输入层到中间层的权重, 输出阶段分成了策略函数和价值函数, 训练的损失函数也同时包含了落子预测和评估局面两部分, 这样做不仅节省运算空间, 降低运算消耗, 混合的两种网络更能适应多种不同的情况, 并且在网络构建过程中, 引入残差结构 [61], 用更深的神经网络进行特征提取和表示学习, 从而在更加复杂的棋盘局面中进行学习.

同时抛弃快速走子网络, 不再使用自我对弈的方式预测哪一方将从当前的棋局中获胜.

3. 训练方式

自围棋发明以来, 历经数千年, 人类积累了大量的棋理、定势和手筋. 由于围棋的复杂程度远远超出了人类自身的认知水平, 所以这些棋理、定势和手筋只不过是基于人类对围棋的有限认知, 而对于 AlphaGo Zero 却是多余的, 甚至还可能被误导. 正确的做法应该是完全抛开人类积累的所有经验 (包括谬误), 不受人类经验的影响, 回到围棋规则本身, 以规则为依据进行自我进化, 才有可能逼近围棋真理. 因此, AlphaGo Zero 不再需要人类的经验和知识, 仅需要确切了解围棋的游戏规则, 比如死活的界定、打劫的规矩、胜负的判断, 所以, AlphaGo Zero 在训练时不再使用任何人类专家的经验或棋谱, 直接从基于围棋规则的随机下法开始, 将蒙特卡罗树搜索自对弈生成的棋谱作为输入, 利用强化学习进行自我博弈和提升. 在测试阶段, 使用训练好的神经网络用来预测落子和胜率.

AlphaGo Zero 完全从零开始, 摆脱了对人类标注样本 (人类历史棋局) 的依赖, 更不需要参考人类任何的先验知识, 如 "气" "空" 等概念, 完全依靠强化学习的自我迭代更新取得了辉煌战绩. AlphaGo 项目负责人介绍说, AlphaGo Zero 远比之前任何版本的 AlphaGo 强大, 不再受人类认知局限, 能够发现新知识, 发展新策略.

通过上述分析, 我们可以这样认为, AlphaGo(AlphaGo Zero) 本质上是卷积神经网络、强化学习、蒙特卡罗树搜索三者相结合的产物. 蒙特卡罗树搜索是其骨骼, 支撑起了整个算法的框架; 卷积神经网络是其眼睛和大脑, 在复杂的棋局面前寻找尽可能优的策略; 强化学习是其血液, 源

源不断地提供新鲜的训练数据. 三者相辅相成, 完美完成了下围棋这类
游戏任务.

2.2.3　AlphaGo & AlphaGo Zero 与组合优化问题

AlphaGo 以及 AlphaGo Zero 对围棋进行合适的特征表示, 通过深
度学习网络提取特征, 利用强化学习进行自我对弈更新网络参数, 结合蒙
特卡罗树搜索在围棋领域取得了骄人战绩, 为我们求解组合优化问题带
来了启发式意义.

1. 组合优化问题求解空间巨大

组合优化问题, 特别是其中的 NP-难问题求解空间巨大. 例如, 对于
城市数目为 n 的旅行商问题而言, 其候选集的数量为 $O((n-1)!)$. 如果
采用穷举遍历, 那么消耗的时间呈指数级增长, 因此解决大规模的组合
优化问题采用穷举遍历是不现实的. AlphaGo 利用卷积神经网络, 使用
棋子位置和历史位置作为特征构建估值网络和策略网络 (AlphaGo Zero
版本中两个网络合并为一个网络), 采用蒙特卡罗树搜索的方式, 降低了
搜索宽度和深度. 对于组合优化问题, 我们也可以建立合适的数学模型,
利用深度神经网络进行合适的特征表示, 结合适当的搜索策略降低求解
空间.

2. 组合优化问题目标函数明确

与围棋输赢规则相类似的是, 现实中的大量组合优化问题都有一个
明确的目标函数和约束条件用来评估当前策略, 从而可以根据期望结果
的赏罚信号进行学习, 使模型在训练过程中保持稳定提升.

3. 组合优化问题难获取标注数据

以目前的计算水平, 我们无法获取组合优化问题的大量精确解作为样本标签, 用于训练网络参数. AlphaGo Zero 的成功证明在没有人类经验指导和辅助的前提下, 深度学习结合强化学习算法仍然能够在围棋领域出色地完成这项复杂任务, 甚至比有人类经验指导时, 达到了更高的水平, 说明基于人类经验设计的算法, 可能收敛于局部最优而不自知, 机器学习可以突破这个限制. 对于组合优化问题, 我们也可以借鉴这种方式, 选取合适的强化学习算法, 在少量样本或无样本的情况下, 通过自学习产生数据及高质量的样本标签, 逐步提升模型性能.

目前, 求解组合优化问题的算法需要极长的运行时间与极大的存储空间, 通常在现有计算机上实现比较困难, 即所谓的 "组合爆炸". 而组合优化问题在工程和各学科领域中广泛存在, 推动科研工作者寻求更准确高效的解决方式. AlphaGo 的成功, 也为我们求解这类问题带来了新的思考和启发, 目前, 已经有学者致力于应用先进的深度学习技术对组合优化问题进行求解, 以获取更高的准确率和效率.

2.3　本章小结

本章我们首先对机器学习做了简要概述, 详细叙述了围棋人工智能方法, 包括 AlphaGo 和 AlphaGo Zero, 通过分析这些围棋的人工智能方法的特点, 得到求解组合优化问题的一种新的思路, 即组合优化问题的机器学习求解方法.

第 3 章　从序列输入到序列输出的
机器学习网络模型和算法

循环神经网络 (Recurrent Neural Network, RNN) [125] 的目标是处理序列信息, 它能够处理输入变量前后关联的问题, 在自然语言处理和时序分析问题中得到了广泛的应用, 在问题回答 [69]、机器翻译 [138,159]、句法分析 [150]、图像理解 [76,151]、语义相似度 [152]、文本生成 [75] 等领域中都取得了显著成果. 本章主要介绍循环神经网络的相关模型算法, 它们是构建求解组合优化问题的深度学习框架的基础.

3.1　循环神经网络

人类不仅能够处理目标分类和物体识别等个体案例, 更能分析输入信息之间的上下文逻辑关系. 传统的前馈神经网络无法解决富含大量信息的序列化输入, 这是由于各节点之间有着复杂的时间关联性, 并且序列长度不一. 循环神经网络正是为了解决这种序列问题应运而生, 其关键之处在于设置隐层状态保留先前的输入信息, 用于计算当前网络的输出.

无论是人工神经网络还是在图像分类和识别领域应用较广的卷积神经网络, 它们的前提假设是: 元素之间相互独立, 输入和输出之间也相互独立. 元素之间相互独立, 具体来说是指每层之间的节点无连接, 如图 3.1 的前馈神经网络模型所示. 输入和输出相互独立, 是指前一个输入与后一个输入之间没有任何关系, 对于训练好的模型, 测试 100 个不同的输入, 它们中任何一个输出都只与当前输入有关, 而不会受之前或之后输入的影响.

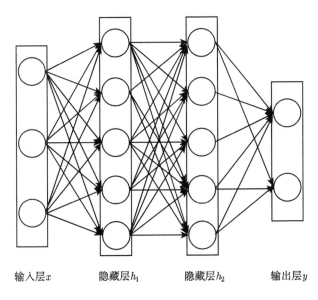

输入层x 隐藏层h_1 隐藏层h_2 输出层y

图 3.1 前馈神经网络模型

但是对于文本或随时间变化的数据而言, 传统前馈神经网络的假设并不成立. 序列的输入数据之间具有较强的关联性, 输出依赖于当前的输入和记忆. 在文本类数据中, 需要考虑上下文之间的逻辑关系, 以自然语言处理中最简单的词语填空为例, "大海是 __ 色的""湖水是 __ 色的", 依据上下文语义不同, 需要对应填上不同的颜色: "蓝"和"绿". 在股市等随时间变化的序列数据中, 单个数据表示当前的市场价格, 但是全天以及近一个月的数据会有不同的发展趋势, 需要整体综合考虑做出买入或卖出的决策. 为了更好地解决这些类似的问题, 能够处理序列信息, 从而诞生了循环神经网络. 循环神经网络通过隐层节点的自关联保留之前的序列信息, 有助于系统地获取上下文, 输出依赖于之前的计算结果. 理论上讲, 循环神经网络可以获取任意长度的序列信息, 但是在实际中,仅能回顾最后几步, 这将在本节最后做具体说明.

3.1.1　前向传播过程

循环神经网络是一类以序列数据为输入, 在序列的前向方向进行递归且所有节点 (循环单元) 按链式连接的人工神经网络. 以基于时间序列的样本输入为例, 循环神经网络可以描述为, 给定 N 个序列样本对 $(X^i, Y^i)_{i=1}^N$, 其中 (X^i, Y^i) 表示样本中的第 i 个输入序列和对应的序列标签. 网络模型的优化目标是估计条件概率 $P(Y^i|X^i)$, 其中 $X^i = \{x_1^i, x_2^i, \cdots, x_{T_x}^i\}$, $Y^i = \{y_1^i, y_2^i, \cdots, y_{T_y}^i\}$. 值得注意的是, 输入序列的长度 T_x 可能与它对应的目标序列长度 T_y 不同. 循环神经网络的参数 θ 通过最大化以下目标函数获得:

$$J(\theta) = \frac{1}{N} \sum_{n=1}^{N} \log P(Y^n|X^n; \theta). \tag{3.1}$$

在这种情况下, 我们通常使用链式法则对上式进行分解 (为了简洁起见, 我们省略了样本标号 i):

$$P(Y|X; \theta) = \prod_{t=1}^{T_y} P(y_t|y_1, y_2, \cdots, y_{t-1}, X; \theta)$$

$$= \prod_{t=1}^{T_y} P(y_t|h_t; \theta), \tag{3.2}$$

其中, y_t 表示每个时间节点的输出, h_t 表示 t 隐层节点用于存储上下文信息.

循环神经网络模型有比较多的变种, 隐层节点 h_t 的计算方式不尽相同. 图 3.2 展示了最主流的网络结构的展开形式.

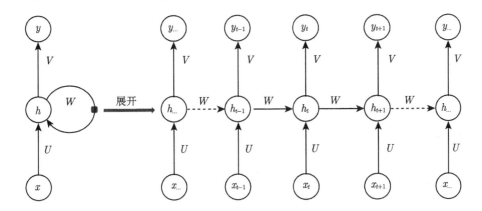

图 3.2　循环神经网络按时间序列展开示意图

隐藏节点 h_t 的计算方式为

$$h_t = \phi(W h_{t-1} + U x_t + b), \tag{3.3}$$

其中, x_t 表示当前时刻的输入, y_t 表示 t 时刻的输出, h_{t-1}, h_t 代表时刻 $t-1$ 和 t 的隐层状态, ϕ 代表激活函数, 通常选择 tanh 函数, W, U, b 表示网络参数. 对于循环神经网络而言, 隐层状态 h_t 为"记忆单元", 由当前时刻的输入和前一时刻的隐层状态共同决定, 用于捕捉之前所有时间节点的信息.

模型的预测输出为

$$y_t = g(V h_t + c), \tag{3.4}$$

其中, V 和 c 表示网络参数, g 表示激活函数. 如果我们想预测句子中的下一个词, 需要计算给定字典中的概率向量, 通常选择 softmax 函数. 以 $T_y = T_x$ 为例, 算法 3.1 给出了循环神经网络前向传播流程.

循环神经网络通过设置隐层节点 h_t 储存先前时间节点的信息, 输出节点由当前输入和隐层节点共同决定. 区别于传统深度神经网络在不同层使用不同的参数, 循环神经网络在各个时间步共享参数 (W, U, b, V

和 c), 不仅有利于存储上下文信息, 也极大地降低了需要学习的参数数量. 在图 3.2 中, 每一步都有序列输出, 但根据具体的任务可以做出适当调整, 如新闻分类任务, 通常是 $n：1$ 的序列模型, 图像理解通常为 $1：m$ 的序列模型.

算法 3.1 前向传播过程

输入: 序列 $X = \{x_1, x_2, \cdots, x_{T_x}\}$

1: 初始化参数 W, U, b, V 和 c

2: **for** $t \in [1, T_x]$ **do**

3: $h_t \leftarrow \tanh(Wh_{t-1} + Ux_t + b)$

4: $y_t \leftarrow \mathrm{softmax}(Vh_t + c)$

5: **end for**

6: 返回序列 $Y = \{y_1, y_2, \cdots, y_{T_y}\}$

3.1.2 后向传播过程

循环神经网络训练方式与传统神经网络训练类似, 都使用反向传播算法. 由于循环神经网络在所有时刻的参数是共享的, 每个时刻的输出不仅依赖于当前时刻的输入, 还依赖于之前时刻的计算, 因此利用基于时间的反向传播算法 (Back Propagation Trough Time, BPTT) [154], 不断地使用链式法则, 计算参数梯度, 进行更新. 基于时间的反向传播算法与传统误差反向传播算法的区别在于, 误差需要沿两个方向传播, 如图 3.3 所示: 一个方向是空间层之间的传播, 由输出层到输入层; 另一个方向是时间层之间的传播, 沿时间线传递到初始时刻. 空间层之间的传播方式与误差反向传播算法相同, 这里主要讨论误差在时间层之间的传播.

设网络的损失函数为 C, 记第 t 个时间层隐层节点 j 为

$$h_t^j = \phi(\mathrm{net}_t^j), \tag{3.5}$$

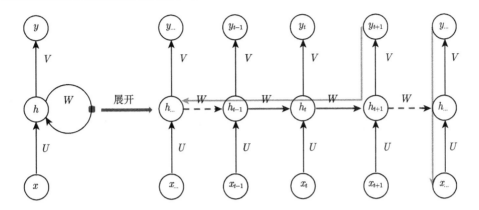

图 3.3 循环神经网络反向传播算法示意图

其中,

$$\text{net}_t^j = \sum_i^n w_{ji} h_t^i + \sum_l^m u_{jl} x_t^l + b^j. \tag{3.6}$$

记第 t 个时间层隐层节点 j 的误差为

$$\delta_t^j = \frac{\partial C}{\partial \text{net}_t^j}. \tag{3.7}$$

考虑相邻时间层 $t-1$ 和 t 中任意两个隐层节点 i 和 j 的误差关系:

$$\delta_{t-1}^i = \phi'(\text{net}_{t-1}^i) \sum_j^n w_{ji} \delta_t^j, \tag{3.8}$$

依据 Hochreiter [64] 的推导方式, 可知第 t 个时间层上任意一个隐层节点 u 与第 $t-q$ 时间层上任意一个隐层节点 v 之间的误差关系为

$$\frac{\partial \delta_{t-q}^v}{\partial \delta_t^u} = \begin{cases} \phi'(\text{net}_{t-1}^v) w_{uv}, & q = 1, \\ \phi'(\text{net}_{t-q}^v) \sum_i^n \frac{\partial \delta_{t-q+1}^i}{\partial \delta_t^u} w_{iv}, & q > 1. \end{cases} \tag{3.9}$$

假设 $i_q = v$, $i_0 = u$, 各时间层的隐层节点个数均为 n, 可推出

$$\frac{\partial \delta_{t-q}^v}{\partial \delta_t^u} = \sum_{i_1=1}^n \cdots \sum_{i_{q-1}=1}^n \prod_{m=1}^q \phi'(\text{net}_{t-m}^{i_m}) w_{i_{m-1} i_m}. \tag{3.10}$$

当

$$|\phi'(\mathrm{net}_{t-m}^{im})w_{i_{m-1}i_m}| > 1, \tag{3.11}$$

随着时间步长 q 的增加, 需要考察的信息也越来越多, 很小的误差经过大量连乘运算会出现指数级增长, 导致梯度爆炸, 从而无法训练或者训练时间过长.

　　当

$$|\phi'(\mathrm{net}_{t-m}^{im})w_{i_{m-1}i_m}| < 1, \tag{3.12}$$

随时间步长 q 的增加, 先前的隐层参数会逐渐被新输入的网络数据取代, 导致梯度消失, 从而在有效时间内不能对网络进行合适训练. 这两种问题都会造成网络参数训练困难, 无法考察较长时间序列的状态, 最终导致模型训练时间过长或失败.

3.2　长短期记忆模型

　　理论上, 循环神经网络可以处理任意长度的序列输入, 但由于梯度消失、梯度爆炸以及计算资源缺乏等问题的存在, 在处理较长序列时很难训练出理想的效果. 在简单的文本任务中, 模型可以仅仅依据短期内的信息进行合理的预测和判断. 例如, 预测短语"醋的味道是酸的, 盐的味道是咸的, 糖的味道是 __"中最后一个单词是"甜的", 模型并不需要记忆短语之前的上下文信息. 但是对于一些上下文场景更复杂的情况, 比如预测更长的段落"近年来, 大型工厂、发电站、汽车、家庭取暖设备向大气中排放大量的烟尘微粒, 使空气变得非常浑浊 …… 天空的颜色是 __". 天空可以是"蓝色的"也可以是"灰色的", 根据短期依赖无法得到准确的答案. 如果需要准确预测当前语境下"天空的颜色", 就要考虑距离当前位置较远的信息, 而这是 3.1 小节介绍的简单循环神经网络所不能解决的. 为了解决这个问题, Hochreiter 和 Schmidhuber 等在 1997 年提出了一种新型网络拓扑结构, 即长短期记忆模型 (Long Short Term Memory, LSTM) [65]. 长短期记忆模型通过在网络中引入"细胞单元"这种特殊结构来解决该问题, 这种复杂机制能有效获取单元间更长期的依赖关系, 且不会显著增加参数量.

长短期记忆模型是一种特殊的循环体结构, 适合处理和预测时间序列中的间隔和延迟非常长的重要事件. 目前通用的长短期记忆模型主要包含输入门、输出门、遗忘门和细胞单元等结构, 图 3.4 展示了比较常见的长短期记忆模型中一个模块结构.

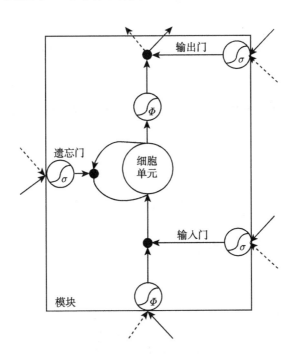

图 3.4 长短期记忆模型中一个模块的示意图

下面简单介绍模块内部的连接关系:

(1) 遗忘门:

$$f_t = \sigma(W_f[h_{t-1}, x_t] + b_f), \tag{3.13}$$

遗忘门的作用是让细胞单元丢弃没有用的信息. 例如, "天空本来是蔚蓝的, 但受到污染之后 ……", 当接收到受到污染的信息后, 我们应该忘记之前"天空是蔚蓝的"的状态. "遗忘门"通过当前的输入 x_t 和上一时刻输出的隐层状态 h_{t-1} 共同决定哪一部分信息需要被丢弃. 因此 σ 通常为 sigmoid 函数, 输出一个 0 到 1 之间的数值, 0 表示"完全丢弃", 1 表示"完全保留".

(2) 输入门:

$$i_t = \sigma(W_i[h_{t-1}, x_t] + b_i), \tag{3.14}$$

输入门的作用有选择的让新的信息加入到细胞单元中来. 输入门依据当前时刻的输入 x_t 和上一时刻的输出的隐层状态 h_{t-1} 决定哪些新的信息需要更新. 当看到"但受到污染之后", 模型需要将新的信息写入到细胞状态中.

(3) 输入信息:

$$\tilde{c}_t = \phi(W_c[h_{t-1}, x_t] + b_c), \tag{3.15}$$

输入信息储存细胞临时的状态, 即备选的用来更新的内容, ϕ 通常为 tanh 函数.

(4) 细胞更新:

$$C_t = f_t C_{t-1} + i_t \tilde{c}_t, \tag{3.16}$$

首先旧的细胞状态 C_{t-1} 与遗忘门 f_t 相乘, 确定需要丢弃的信息; 然后加上 $i_t \tilde{c}_t$, 新的信息有选择性地添加到新的细胞状态 C_t 中.

(5) 输出门:

$$o_t = \sigma(W_o[h_{t-1}, x_t] + b_o), \tag{3.17}$$

长短期记忆模型结构在得到新的细胞状态后需要产生当前时刻的输出. 输出门的作用是决定有多少信息从细胞单元中流出.

(6) 更新输出的隐层状态:

$$h_t = o_t \phi(C_t), \tag{3.18}$$

通过输出门的选择作用, 确定细胞状态中哪些信息需要被输出. 比如 "但受到污染之后, 天空的颜色" 后面的单词应以极大的概率输出 "灰色".

遗忘门和输入门的引入, 使得长短期记忆模型可以更加有效地决定哪些信息要被丢弃, 哪些信息应该得到保留. 细胞单元的引入, 当误差在时间流反传过程中, 使用连加代替连乘运算, 在处理长时依赖问题时, 保证梯度可以长时间持续流动, 有效地避免了梯度消失的问题.

2001 年, Felix Gers 在博士论文[47] 中进一步改进了长短期记忆模型的网络结构, 添加了门层接受细胞状态的输入连接 (Peephole Connection):

$$f_t = \sigma(W_f[C_{t-1}, h_{t-1}, x_t] + b_f), \tag{3.19}$$

$$i_t = \sigma(W_i[C_{t-1}, h_{t-1}, x_t] + b_i), \tag{3.20}$$

$$o_t = \sigma(W_o[C_t, h_{t-1}, x_t] + b_o). \tag{3.21}$$

2014 年, Cho 等提出门限循环单元 (Gated Recurrent Unit, GRU)[22], 与长短期记忆模型的主要区别在于, 单个门控单元同时控制遗忘门和细胞更新:

$$C_t = (1 - z_t)C_{t-1} + z_t \tilde{c}_t, \tag{3.22}$$

其中,

$$\tilde{c}_t = \phi(W_c[r_t C_{t-1}, h_{t-1}, x_t] + b_c), \tag{3.23}$$

$$z_t = \sigma(W_z[C_{t-1}, h_{t-1}, x_t] + b_z), \tag{3.24}$$

$$r_t = \sigma(W_r[C_{t-1}, h_{t-1}, x_t] + b_r), \tag{3.25}$$

z_t 表示"更新门", r_t 表示"复位门", 更新门和复位门能够独立地"忽略"细胞状态的一部分. 更新门用于衡量上一时刻的细胞状态被新的输入"完全替换"的程度, 更新门的值越大说明被忽略的信息越多; 复位门用于控制当前细胞状态中有哪些保留至下一细胞状态中, 复位门的值越大说明上一时刻的状态信息保留的越多.

门限循环单元与长短期记忆模型相比少了一个门控函数, 减少了参数量, 因此训练速度要快于长短期记忆模型. 近年来, 也有其他门限循环神经网络 [54,74] 出现, 例如"复位门"或"遗忘门"的输出可以在多个隐层单元之间共享等方式, 不过还需要依据具体的应用场景选择合适的网络结构.

3.3　双向循环神经网络

传统的循环神经网络, 从左至右顺序读取序列信息, t 时刻的隐层状态只依赖于过去的序列 $x_1, \cdots, x_{t-1}$ 以及当前的输入 x_t. 但是在许多应用中, 输出 y_t 的预测可能依赖于整个输入序列, 预测一个语句中缺失的单词不仅需要根据前文来判断, 也需要根据后面的内容. 例如"小明利用十一黄金周, 去 __ 旅游, 游览了兵马俑、大雁塔等名胜古迹", 只是从前往后顺序读取文本信息, 我们无法准确判断小明去了哪里, 但是当输入信息中出现兵马俑、大雁塔等名词时, 我们可以判断缺失的地名是

"西安". 双向循环神经网络 (Bidirectional Recurrent Neural Networks, Bi-RNN) [127] 为满足这种需要而产生, 可以在每个时刻同时获取过去和未来的信息. 双向循环神经网络由两个循环神经网络上下叠加在一起组成的, 输出由这两个循环神经网络的状态共同决定, 图 3.5 展示了典型的双向循环神经网络.

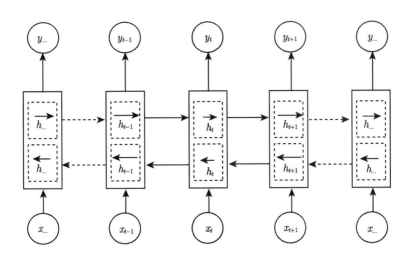

图 3.5 双向循环神经网络按时间序列展开示意图

双向循环神经网络由两个循环神经网络组成: 前向循环神经网络顺序读取序列信息 (从 x_1 到 x_{T_x}) 获得前向隐层序列 $\left(\overrightarrow{h_1}, \overrightarrow{h_2}, \cdots, \overrightarrow{h_{T_x}} \right)$; 反向循环神经网络逆序读取序列信息 (从 x_{T_x} 到 x_1), 获取反向隐层序列 $\left(\overleftarrow{h_1}, \overleftarrow{h_2}, \cdots, \overleftarrow{h_{T_x}} \right)$; 然后将得到的前向和反向序列连接, 得到最终的隐层序列 $(h_1, h_2, \cdots, h_{T_x})$, 其中 $h_i = \begin{bmatrix} \overrightarrow{h_i} \\ \overleftarrow{h_i} \end{bmatrix}$, 两个隐层节点之间无连接.

双向循环神经网络前向传播与单向的循环神经网络基本相同, 只是输入序列对于两个隐含层是相反方向的, 输出层直到两个隐含层处理完所有的输入序列才更新, 如算法 3.2 所示. 双向循环神经网络的误差反传仍采用基于时间的反向传播算法, 当所有的输出层项计算后, 反向传给两个不同方向的隐含层, 如算法 3.3 所示. 双向循环神经网络同时关注上下文, 能够利用更多的信息进行预测, 在需要双向信息的自然语言处理应用 [53] 中取得了非常好的效果.

算法 3.2　双向循环神经网络前向传播过程

输入: 序列 $X = \{x_1, x_2, \cdots, x_{T_x}\}$

1: **for** $t \in [1, T_x]$ **do**
2:　　顺序读取序列信息, 获取前向隐层状态 $\overrightarrow{h_t}$
3: **end for**
4: **for** $t \in [T_x, 1]$ **do**
5:　　逆序读取序列信息, 获取反向隐层状态 $\overleftarrow{h_t}$
6: **end for**
7: **for** all t **do**
8:　　利用获取的隐层序列 $(h_1, h_2, \cdots, h_{T_x})$, 前向传播计算 o_t
9: **end for**

算法 3.3　双向循环神经网络反向传播过程

输入: 计算所有时间步长 t 输出节点的目标函数梯度

1: **for** all t **do**
2:　　反向传播计算输出节点 o_t 的误差 δ
3: **end for**
4: **for** $t \in [T_x, 1]$ **do**
5:　　利用误差 δ, 通过基于时间的反向传播算法计算反向隐层节点梯度
6: **end for**
7: **for** $t \in [1, T_x]$ **do**
8:　　利用误差 δ, 通过基于时间的反向传播算法计算前向隐层节点梯度
9: **end for**

3.4 编码–解码模型

编码–解码 (Encoder-Decoder) 模型是解决序列到序列 (Sequence to Sequence, Seq2Seq) 问题的一类通用框架. 序列到序列问题在文档摘取、问答系统、文本翻译等领域中有着广泛的应用, 即把源文本序列映射为目标文本序列. 在文档摘取中, 输入序列是整个文档内容, 输出序列是总结归纳的核心思想; 在问答系统中, 输入序列是提出的问题, 输出序列是对应的答案; 在文本翻译中, 输入序列是待翻译的文本, 输出序列是目标语言文本.

2014 年, Google Brain [138] 和 Yoshua Bengio [22] 两个团队各自独立地提出了编码–解码模型, 主要应用于机器翻译相关领域. 模型分为编码和解码两个阶段: 编码阶段通过一个循环神经网络将输入序列编码成一个固定维度的语义表示向量 c; 解码阶段通过另一个循环神经网络把语义表示向量 c 映射为目标序列. 通常, 我们把第一个循环神经网络称作编码器, 后一个循环神经网络称作解码器. 图 3.6 展示基本的编码–解码模型结构.

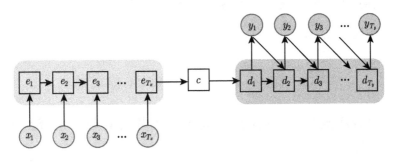

图 3.6 编码–解码模型示意图

下面仅以 Yoshua Bengio 团队发表的论文 [22] 为例, 对编码–解码模型进行基本介绍. 文章中使用简单的循环神经网络作为基本的神经网络络对输入序列和输出序列进行学习. 编码阶段在每一个时刻接受一个字或者词, 最后输出一个向量作为输入序列的语义表示向量, 编码方式为

$$e_t = f_1\left(x_t, e_{t-1}\right), \tag{3.26}$$

其中, e_{t-1}, e_t 分别表示 $t-1$, t 时刻的编码隐藏层, f_1 代表编码阶段中使用的非线性激活函数, 可以选择简单的 sigmoid 函数, 也可以是卷积神经网络、双向循环神经网络、门限循环单元、长短期记忆模型等复杂的网络结构. 通过以下公式, 我们获得了中间向量 c,

$$c = q(e_1, e_2, \cdots, e_{T_x}), \tag{3.27}$$

其中, q 代表一个非线性函数, 通常我们可以选取最后一个时刻的编码隐层输出、所有时刻编码隐层输出的均值或加权平均、最大值等作为语义表示向量 c. 然后, 利用解码器, 以向量 c 初始化其隐藏层, 获取每一时刻的解码隐藏层 d_t,

$$d_t = f_2(d_{t-1}, y_{t-1}, c). \tag{3.28}$$

f_2 与编码时使用的非线性激活函数一样, 也可以有多种备选方式. 时刻 t 的最终输出结点为

$$P(y_t|y_1, \cdots, y_{t-1}, X; \theta) = g(d_t, y_{t-1}, c), \tag{3.29}$$

其中, g 为激活函数, 一般采用 softmax 函数将其归一化得到一个概率分布.

在编码–解码模型提出之前, 对于输入序列长度与输出序列长度不等的序列问题, 需要事先定义输入与输出的对齐关系. 该模型的提出, 可以

将一个任意长度的序列直接映射为另一个任意长度的序列. 编码–解码模型并不局限应用于文本领域, 近几年在图片生成描述 (Generating Image Descriptions)、语音识别等应用领域也可以套用该模型, 输入和输出可以是任意的文字、语音、图像、视频数据等.

3.5 注意力机制模型

在编码–解码模型中, 输入序列不论长短都编码成一个固定维度的向量 c, 然后通过向量 c 解码出整个目标序列, 这就要求中间向量包含输入序列所有的信息, 而这是很难做到的, 因此成为了序列问题求解的瓶颈. 首先, 即使增加中间向量的维度也不能包含输入序列的所有信息, 而且会显著增加计算量; 其次, 当输入序列过长时, 后面的信息会覆盖前面的信息, 从而导致信息的缺失.

思考一个简单的汉英互译的任务:

"我爱中国".

翻译结果为

"I love China".

即求解序列问题:

(我, 爱, 中国) → (I, love, China).

按照上一节编码–解码模型, 我们需要计算中间向量 c(以加权平均为例),

$$c = \frac{1}{3}e(我) + \frac{1}{3}e(爱) + \frac{1}{3}e(中国),$$

依据加权平均获得的中间向量 c, 求取每个英文单词的解码隐层向量表示, 似乎并不合理. 当翻译 "I" 时, 我们不需要关注于整个句子, 更多的

关注单词"我"是更为合理的, 同理我们可以获得"love""China"的中间向量表示:

$$c_{\mathrm{I}} = 0.8e(\text{我}) + 0.1e(\text{爱}) + 0.1e(\text{中国}),$$

$$c_{\mathrm{love}} = 0.1e(\text{我}) + 0.8e(\text{爱}) + 0.1e(\text{中国}),$$

$$c_{\mathrm{China}} = 0.1e(\text{我}) + 0.1e(\text{爱}) + 0.8e(\text{中国}).$$

编码–解码模型中, 中间语义向量的计算有多种不同形式, 实现对不同的局部采取不用的权重, 如选取最后一层隐层编码向量、取最大值等, 但是对于任意输出仍采取的是同一个中间向量, 本质上没有任何改进.

为了解决这个问题, Bahdanau [3] 提出了基于内容的注意力机制模型. 深度学习中的注意力机制与人类选择性注意力机制类似, 人类在观察环境时, 大脑往往只关注某几个重要的目标区域, 以获取更多所需要关注目标的细节信息, 而抑制其他无用信息. 注意力机制模型的基本思想就是依据目标序列的字或词语, 对输入序列的不同局部, 赋予不同的权重. 通过保留编码器对输入序列的隐层向量序列, 在解码阶段对获得的向量序列加权求和, 分别计算各个时刻输出对输入序列的中间向量表示. 图 3.7 展示了注意力机制的示意图.

在编码阶段, 通常采用与之前类似的方式如双向循环神经网络、长短期记忆模型等结构把输入序列编码成向量序列 $(e_1, e_2, \cdots, e_{T_x})$,

$$e_t = f(x_t, e_{t-1}). \tag{3.30}$$

在解码阶段, 采用注意力机制计算中间向量 c_t, 获取最终的输出序列,

$$P(y_t | y_1, \cdots, y_{t-1}, X; \theta) = g(d_{t-1}, y_{t-1}, c_t). \tag{3.31}$$

注意力机制与之前的编码–解码模型不同的地方在于, 每个时刻的输出 y_t

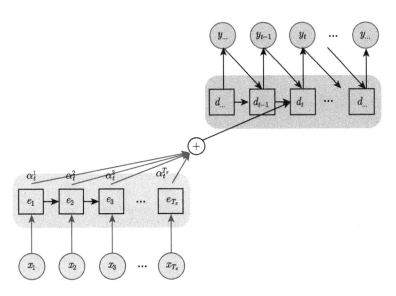

图 3.7　注意力机制示意图

与各个时刻的语义向量 c_t 有关, 而不再对应固定的中间向量 c. 语义向量 c_t 是通过对编码过程中保留的隐藏层序列 $(e_1, e_2, \cdots, e_{T_x})$ 进行加权计算得到的:

$$c_t = \sum_{i=1}^{T_x} \alpha_t^i e_i. \tag{3.32}$$

对编码器的所有隐藏状态进行加权和, 表明在每个时刻的输出过程中注意力的分布是不同的. 权重参数 α_t^i 越高, 表明在时刻 t 的输出更关注输入序列的第 i 个向量. 权重参数 α_t^i 通过以下方式计算:

$$\alpha_t^i = \frac{\exp(u_t^i)}{\sum\limits_{k=1}^{T_x} u_t^k}, \tag{3.33}$$

$$u_t^i = a(d_{t-1}, e_i) = v^{\mathrm{T}} \tanh(W_1 d_{t-1} + W_2 e_i), \tag{3.34}$$

其中, v, W_1, W_2 表示相应的权重参数; a 可以看作是一个对齐模型, 用来衡量目标序列第 t 个时刻的输出与输入序列中第 i 个词的匹配程度.

不同于传统的硬对齐机制 (Hard Alignment), 目标序列中每个词明确对应输入序列中的一个或多个词, 这是一种软对齐机制 (Soft Alignment), 可以融入整个端对端的编码–解码框架中, 通过反向传播算法进行参数更新. 具体可参看算法 3.4, 此算法展示了注意力机制前向传播的具体流程.

算法 3.4　注意力机制前向算法流程

输入: 序列 $X = \{x_1, x_2, \cdots, x_{T_x}\}$

1: 初始化网络参数

2: **for** $t \in [1, T_x]$ **do**

3:　　计算编码隐层序列表示 $e_t = f_1(x_t, e_{t-1})$

4: **end for**

5: **for** $t \in [1, T_y]$ **do**

6:　　**for** $i \in [1, T_x]$ **do**

7:　　　　$u_t^i = v^{\mathrm{T}} \tanh(W_1 d_{t-1} + W_2 e_i)$

8:　　　　$\alpha_t^i = \dfrac{\exp(u_t^i)}{\displaystyle\sum_{k=1}^{T_x} u_t^k}$

9:　　**end for**

10:　　$c_t = \displaystyle\sum_{i=1}^{T_x} \alpha_t^i e_i$

11:　　$d_t = f_2(c_t, d_{t-1}, y_{t-1})$

12:　　$y_t = \mathrm{softmax}(c_t, d_t, y_{t-1})$

13: **end for**

14: 返回目标序列 $Y = \{y_1, y_2, \cdots, y_{T_y}\}$

图 3.8 给出了文献 [3] 中英译法任务注意力权重可视化示意图. 横轴表示英语, 纵轴表示法语, 矩阵的像素值表示注意力分配概率, 颜色越亮表示关注度更高. 可以看出, 颜色较亮的像素块大致分布在对角线附近, 具有一定的效果.

注意力机制缓解了将输入序列的所有信息压缩为一个固定维度向量

的压力, 模型在每个时刻只关注与输出相关的输入序列信息. 同时网络模型能够更加直观地显示生成序列中的每个单词与输入序列中一些词的对齐关系. Luong 等[98] 还提出在注意力机制中引入全局和局部的方式. 全局的方式与 Bahdanau 等的方式类似, 局部的方式可以看作硬对齐机制与软对齐机制的折中, 可以降低计算代价. 目前, 注意力机制在场景文字识别[156]、推荐系统[161] 等任务中都有着广泛应用.

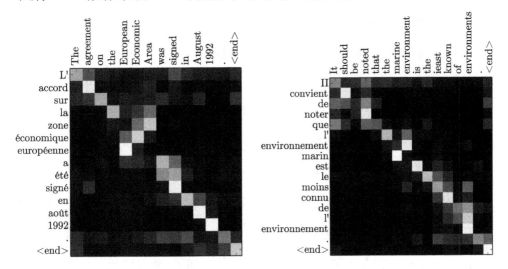

图 3.8　英译法注意力权重可视化示意图 [3]

循环神经网络在序列到序列的处理任务中有两方面的缺陷: ① 运行时是将序列的信息逐一处理, 不能实现并行操作, 从而运行速度不高; ② 不能很好地处理句子中更复杂的结构化信息. 为了解决上述问题, Facebook AI 提出一种完全基于卷积神经网络的序列到序列的学习模型[46], 不同于循环神经网络, 文献 [46] 中的新模型可以并行处理语句中的单词, 能够更好地利用 GPU 硬件的支持加快计算. 为了获取更多的信息可采用深层卷积神经网络结构, 低层卷积提取近距离的依赖关系, 高层卷积提取长距离关系, 这种层次化的表示缩短了获取长距离信息的路径长度. 为了提取出顺序信息, 在输入向量中同时还嵌入位置信息. 另外, 在卷积层加入了门控线性单元 (Gated Linear Units, GLU) [33] 和残差连接 (Residual Connection), 解决网络层数的增加带来的梯度消失问题. 解码步用迭代内存更新 (也称为多跳) 的方法关注不同位置单词的关系. 在相同的翻译任务基准测试中, 在精度达到当时最优水平的同时, 卷积神经网络模型相对于基于循环神经网络的模型计算速度提高了一个数量级.

2017 年, Google Brain 发表的论文 *Attention is all you need* [147], 完全抛弃了卷积神经网络和循环神经网络结构, 提出了一个纯粹由注意力机制和多层感知机组成的网络结构 "Transformer", 实现了并行化计算, 加快了训练速度, 且 Transformer 能够建立更长距离的依存关系. 编码部分是由 N 个结构相同的编码器构成, 每个解码器有两个子层, 分别是自注意力层和前馈全连接神经网络, 解码部分是由相同数量的与编码器对应的解码器构成, 除了编码器中的两个子层外, 在两层之间添加一个编码–解码注意力层, 用来关注输入句子的相关部分. 这种自注意力机制 (Self-attention) 将某个单词与句子中的其他部分建立联系, 从而学习整个句子的表示. 设输入的词嵌入维度为 d_m, 首先对每个输入单词构造三个向量: 查询向量 $q \in R^{d_k}$, 键向量 $k \in R^{d_k}$ 和值向量 $v \in R^{d_v}$, 其中 k 为卷积核大小. 将每个单词对应的三种向量分别按行拼接成对应的矩阵 Q, K 和 V; 然后计算每个单词的查询向量与其他单词的键向量的内积作为对句子中其余部分关注度的分配标准, 通过除以 $\sqrt{d_k}$, 避免 softmax 函数因 d_k 过大陷入梯度较小的区域, 在模型中加入遮罩层 (Mask Layer) 可调节信息的流动. 其中自注意力层的输出如下:

$$\text{Attention}(Q, K, V) = \text{softmax}\left(\frac{QK^{\mathrm{T}}}{\sqrt{d_k}}\right)V.$$

3.6 本章小结

本章我们总结了组合优化问题的机器学习求解方法的演化过程. 组合优化问题的机器学习求解方法借助从序列输入到序列输出问题的机器学习网络模型和算法, 进行逐步改进. 首先, 将自然语言处理中的循环神经网络, 改进为长短期记忆模型和双向循环神经网络, 然后又改进成编码–解码模型和注意力机制模型.

第 4 章　组合优化的深度学习方法

近年来, 已经有一些利用深度学习求解组合优化问题的开创性工作, 其中包括: 利用循环神经网络结合有监督的训练方式 [104,149], 求解凸包、德洛内三角剖分、二部图匹配等问题; 结合强化学习训练方式 [7], 扩大求解 NP-难问题的规模, 求解旅行商问题和背包问题; Mohammadreza Nazari 等 [112] 改进了指向型网络结构, 求解输入元素随时间变化的组合优化问题, 如车辆路径问题等; Dai Hanjun 等 [78] 还提出利用图嵌入的方式结合强化学习训练方式求解最小顶点覆盖、最大割问题等. 本章主要介绍几个有代表性的基于深度学习求解组合优化问题的网络模型和算法.

4.1　基于有监督学习的求解方法

2015 年, Vinyals 等 [149] 提出了指向型网络 (Pointer Network), 用于求解凸包、德洛内三角剖分、旅行商问题等组合优化问题; Milan 等 [104] 将目标函数引入有监督学习训练过程中, 在仅有次优近似解的初始条件下, 训练获得了更精确的解, 用于求解点集匹配、图匹配等组合优化问题.

4.1.1　指向型网络

在自然语言处理中, 如中英文翻译应用, 一般会事先给定常用词作为字典, 然后利用编码–解码模型或注意力机制等方式计算输出阶段的概率分布. 但对于大部分的组合优化问题, 我们无法预先给定 "字典", 辅助计算概率分布, 如经典的旅行商问题, 环游完全依赖于当前输入的城市的坐标和个数. 针对编码–解码模型的这一缺陷, Vinyals 等 [149] 在注意力机制的基础上做了适当修改, 提出了指向型网络, 用于求解输出字典的长度取决于输入序列的组合优化问题. 它与注意力机制的不同之处在于, 不再使用加权和的方式将编码器的隐层序列融合在每个解码阶段的语义向量中, 而是利用注意力机制作为指针来选择输入序列的一个元素作为输出序列. 图 4.1 展示了求解简单排序问题的指向型网络示意图.

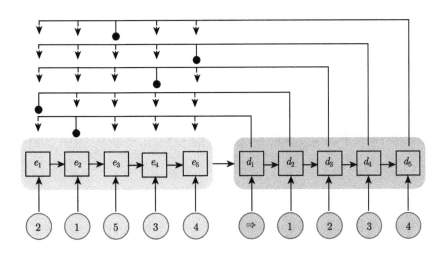

图 4.1　指向型网络求解排序问题示意图

　　指向型网络也分为编码和解码两个阶段, 编码阶段与之前模型类似, 通常选择循环神经网络、双向循环神经网络、长短期记忆模型等结构获得隐层向量序列 $(e_1, e_2, \cdots, e_{T_x})$, 解码阶段在注意力模型基础上做了适当改进. 在之前的编码–解码模型中, 通常使用 softmax 函数在一个固定的字典中计算输出概率分布 $P(y_t|c, y_1, \cdots, y_{t-1}; \theta)$, 这不利于求解输出字典长度依赖于输入序列元素个数的组合优化问题. 为了克服这个缺陷, 指向

型网络不再使用注意力机制将编码获得的隐层向量序列 $(e_1, e_2, \cdots, e_{T_x})$ 整合为语义向量, 而是在解码时使用 u_t^i 作为指向选择输入序列中的元素. 具体如以下公式所示:

$$u_t^i = v^{\mathrm{T}} \tanh\left(W_1 e_i + W_2 d_t\right), \quad i \in (1, 2, \cdots, T_x), \tag{4.1}$$

$$P(y_t | y_1, y_2, \cdots, y_{t-1}, X; \theta) = \mathrm{softmax}(u_t), \tag{4.2}$$

其中, softmax 函数将向量 u_t(长度为 T_x) 进行归一化, 输出基于输入的概率分布, v, W_1 和 W_2 表示网络中用到的参数. 通过这种改进, 指向型网络适用于求解输出是离散并且依赖于输入序列的问题.

例 4.1(凸包问题的求解)　凸包 (Convex Hull) 是计算几何 (图形学) 中的一个概念, 即对一组平面上的点, 求一个包含所有点的最小的凸多边形. 直观解释为: 在地上放置一些不可移动的木桩, 用一根绳子把它们尽量紧地圈起来, 并且为凸边形, 就是凸包. 下面给出凸包问题的严格定义.

定义 4.1 (凸包)　对于给定的集合 $P \subset R^n$, 包含 X 的最小凸集 C^P 称为 X 凸包, 即 $C^P = \{x \in R^n | \exists t \in N, \exists x_1, x_2, \cdots, x_t \in P, \exists \lambda_1, \lambda_2, \cdots, \lambda_t > 0 : x = \sum_{i=1}^{t} \lambda_i x_i, \sum_{i=1}^{t} \lambda_i = 1\}$.

对于 n 个顶点的凸包问题, 已经可以在多项式时间 $O(n\log n)$ 内获得精确解 [52,73].

下面我们以平面凸包问题为例, 详细介绍结合数据驱动的方法并利用指向型网络模型是如何进行求解的. 首先通过构造人工数据集的方式生成训练数据和标签 (P, C^P). 在 $[0,1] \times [0,1]$ 内生成符合均匀分布的二维顶点坐标序列 $P = \{P_1, \cdots, P_n\}$, 其中 $P_j = (x_j, y_j)$ 表示第 j 个顶点的坐标, 作为输入序列. 为训练方便, 将所有顶点按照横坐标以顺时针方式进行顺序标号, 利用以上精确解的求取方式, 获得顶点集合 P 对应的凸包集合 C^P, 构建数据标签.

通过指向型网络的编码–解码过程, 输出预测的凸包序列 $\hat{C}^p$, 计算条件概率:

$$p(\hat{C}^P|P;\theta) = \prod_{i=1}^{m(P)} p\left(\hat{C}_i|\hat{C}_{\mathrm{i}}, \cdots, \hat{C}_{i-1}, P; \theta\right), \tag{4.3}$$

其中 $m(P)$ 表示对于顶点集合 P 的凸包顶点个数, 利用 softmax 交叉熵损失函数, 优化模型参数 θ:

$$\mathrm{loss}\left(C^P, \hat{C}^p\right) = \frac{1}{m(P)} \sum_{i=1}^{m(P)} -(C_i \log \hat{C}_i), \tag{4.4}$$

这里 C^P, $\hat{C}^p$ 编码进行了 one-hot 编码处理, 除输出顶点为 1, 其余向量元素值为 0.

通过准确率和覆盖面积 (预测凸包与真实标签的面积重合率) 两种评价方式, 对模型的求解规模和泛化能力进行了验证, 如表 4.1 所示.

表 4.1　凸包问题实验效果 [149]

训练集 n	测试集 n	准确率	覆盖率
50	50	72.6%	99.9%
5—50	10	87.0%	99.8%
5—50	50	69.6%	99.9%
5—50	100	50.3%	99.9%
5—50	100	22.1%	99.9%
5—50	500	1.3%	99.2%

除此之外, 也可以用此种方法对德洛内三角剖分以及小规模的平面对称旅行商问题 $(n < 50)$ 求解. 实验结果表明, 单纯的数据驱动的方法可以得到组合优化问题的近似解, 并验证了模型对求解规模的泛化能力和通用性. 虽然与传统算法相比, 在求解精度和问题规模上还有一定差

距, 但指向型网络为求解复杂的组合优化问题提供了新的解决思路, 可以利用这一网络解决一系列输出字典依赖于输入序列的问题.

4.1.2　基于目标函数训练的求解算法

指向型网络利用有监督的训练方式, 训练网络近似给定样本标签, 但是对于 NP-难的组合优化问题, 取得精确解的时间随着问题规模的增加呈指数型增长, 获取大量用于有监督训练的样本标签是困难的. 目前, 我们通常采用近似算法在有限时间内获取 NP-难问题的次优解, 以平衡计算复杂度和解的质量. 如何使用最小的计算量在现有的近似解的基础上获取更精确的解是 Milan 等 [104] 设计算法的初衷.

单纯使用有监督的训练方式, 除样本标签不易获得之外, 网络还容易学习到与标签近似但与目标函数相去甚远的解. 有监督学习的目标是训练网络输出接近给定的标签, 如在回归网络中使用的最小均方误差、分类网络中使用的交叉熵损失. 通常, 这种类型的损失函数具有可微性, 适用于使用误差反传进行优化. 例如, 求解经典的旅行商问题时, 指向型网络中使用对数似然函数作为目标函数, 获得与训练样本标签序列相似的顶点标号序列, 但最终的环游长度可能与最优解相差很大.

Milan 等 [104] 通过将目标函数引入训练过程, 提出基于目标函数的训练方式 (Objective-based Learning), 在每次迭代过程中, 计算当前网络参数下输出策略的目标函数, 当且仅当给定的标签优于当前策略时, 才使用误差反传进行梯度更新. 图 4.2 展示了传统有监督的训练方式与基于目标函数的训练方式的差别.

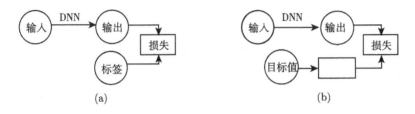

图 4.2 (a) 有监督训练流程, (b) 基于目标函数的训练流程

Milan 等分别在人工数据集和实际数据集中求解了小规模的点集匹配、图匹配和旅行商问题. 求解点集匹配和图匹配问题时, 网络的输入为对应问题的相似矩阵, 利用全连接方式获得隐层向量表示, 然后利用指向型网络的解码方式输出匹配点的概率分布, 实验分别验证了在 20 帧的视频图像中 5 个目标的追踪实验以及公开数据集 Pascal 中匹配 8 对特征点, 取得了 75% 的准确率. 随机选取实际城市坐标数据集中 20 个顶点, 构造求解旅行商问题的训练集和测试集, 利用简单的最近邻方式获取样本标签, 模型取得了优于给定的次优标签的实验效果. 复杂的组合优化问题, 特别是 NP-难问题, 当问题规模增加时获得精确解需要的代价很大. 基于目标函数的训练方式改善了传统有监督的训练过程, 优化了次优解标签, 引导网络获得更高质量的解决方案.

4.2 基于强化学习的求解方法

对于实际应用中的大部分组合优化问题, 获得大量精确解作为有监督学习的训练样本是不现实的, 即使可以获得大量的样本, 训练得到的网络模型也只是模拟了另一种算法的解决思路, 缺少泛化能力. 因此, 对组合优化问题进行有监督的训练是不合适的. 但是, 每一个组合优化问题都有一个明确可计算的评价方式, 用于衡量一组解的好坏, 从而根据这种赏罚信号优化模型参数. Irwan Bello 等 [7] 提出的神经组合优化 (Neural Combinatorial Optimization) 网络模型结合了强化学习的训练方式, 扩大了求解旅行商问题的规模, 并推广求解背包问题; 2019 年, Kool 等 [81] 利用注意力机制对以上模型进行了改进; 2018 年, Mohammadreza Nazari 等 [112] 提出能够处理输入元素随时间变化的车辆路径等组合优化问题; Dai Hanjun 等 [78] 使用强化学习结合图嵌入 [31] 的网络结构, 求解最小顶点覆盖和最大割等图结构的组合优化问题, 并将旅行商问题的求解规模推广到了 1000 个顶点.

4.2.1　神经组合优化模型的求解方法

Irwan Bello 等 [7] 把强化学习与神经网络相结合, 提出了神经组合优化模型, 构建了一个用于求解组合优化问题的框架. 它以指向型网络为基础构建策略网络, 用于输出问题的策略; 为估计目标函数的期望值以降低梯度方差, 构建估值网络; 使用基于策略梯度 [155] 的强化学习框架——行动者-评论家代替有监督的方式训练模型参数.

下面我们首先以平面对称旅行商问题为例, 介绍神经组合优化模型. 旅行商问题是一个 NP-难的组合优化问题.

定义 4.2 (旅行商问题)　给定 n 个城市的二维坐标序列 $s = \{(x_i, y_i)\}_{i=1}^n$ 以及每对城市之间的距离, 求解访问每一座城市一次并回到起始城市的最短回路选择要走的路径.

当两个城市之间的距离与顺序无关时, 为平面对称旅行商问题, 定义环游长度为

$$L(\pi|s) = \left\| x_{\pi(n)} - x_{\pi(1)} \right\|_2 + \sum_{i=1}^{n-1} \left\| x_{\pi(i)} - x_{\pi(i+1)} \right\|_2. \tag{4.5}$$

模型优化的目标是在给定 n 个城市的二维坐标序列 $s = \{(x_i, y_i)\}_{i=1}^n$ 条件下, 学习随机策略 $p(\pi|s)$ 以较大的概率输出路径长度较小的环游 π.

首先以指向型网络为基础构建策略网络, 输入城市坐标序列 $s = \{(x_i, y_i)\}_{i=1}^n$, 输出环游 π. 网络框架为基本的编码-解码模型, 编码阶段利用长短期记忆模型结构获得输入序列的隐层向量序列 $(e_1^p, e_2^p, \cdots, e_n^p)$; 解码阶段, 仍采用长短期记忆模型结构获取解码隐层序列 $(d_1^p, d_2^p, \cdots, d_n^p)$, 但为保证每个城市只出现一次, 设置标识向量, 标记已经遍历过的城市标号, 在下一时间步时, 对于已经选择的城市, 权重设置为负无穷. 对任一时刻 $t = 1, 2, \cdots, n$, 权重向量 u_t 的计算方式如下:

$$
u_t^i = \begin{cases} \nu^{p\mathrm{T}} \cdot \tanh(W_1^p e_i^p + W_2^p d_t^p), & i \neq \pi(k), \ k < i, \\ -\infty, & \text{其他}, \end{cases} \tag{4.6}
$$

其中, $i = 1, 2, \cdots, n$, v^p 为向量参数, W_1^p, W_2^p 是矩阵参数, d_t^p 表示解码阶段对应的隐层向量. 最后使用 softmax 函数对向量 u_t 进行归一化并依概率分布选取城市对应标号,

$$
y_t = \mathrm{softmax}(u_t), \quad t = 1, 2, \cdots, n. \tag{4.7}
$$

构建与策略网络参数无关的估值网络, 估计环游的平均长度, 用于降低梯度方差. 估值网络的输入为 $s = \{(x_i, y_i)\}_{i=1}^n$, 输出一个实数值预测平均环游长度. 首先利用长短期记忆模型结构, 对城市序列 s 进行编码, 得到编码隐层序列表示 $(e_1^v, e_2^v, \cdots, e_n^v)$ 和隐层表示 $h^v(h^v = q(e_1, e_2, \cdots, e_{T_x})$, 其中 q 为非线性函数). 然后利用注意力的机制对得到的序列进一步处理:

$$
g_0 = h^v, \tag{4.8}
$$

$$g_{t+1} = \sum_{i=1}^{n} e_i^v g_t^i, \tag{4.9}$$

其中,

$$\tilde{g}_t^i = \nu^{v\mathrm{T}} \cdot \tanh(W_1^v e_i^v + W_2^v g_{t-1}^v), \tag{4.10}$$

$$g_t = \mathrm{softmax}(\tilde{g}_t), \tag{4.11}$$

得到最终向量表示 g_n, 输入到两层全连接网络得到环游长度预测值.

在测试阶段, 可以通过简单的贪婪方式获得策略输出. 为提高解的质量, 通过预训练和主动搜索 (Active Search) 两个步骤获得最终的模型参数. 先利用强化学习的行动者–评论家框架预训练网络参数, 在测试阶段采用主动搜索的方式微调两个网络参数, 输出最终环游. 记 θ_p 表示策略网络参数, θ_v 表示估值网络参数.

在预训练阶段, 策略网络的优化目标为期望环游长度:

$$J(\theta_p|s) = \mathrm{E}_{\pi \sim p_{\theta_p}(\cdot|s)} L(\pi|s). \tag{4.12}$$

我们以当前策略网络参数下的两个网络输出环游的均方误差

$$L(\theta_v) = \mathrm{E}_{\pi \sim p_{\theta_p}(\cdot|s)} \| b_{\theta_v}(s) - L(\pi|s) \|_2^2 \tag{4.13}$$

作为估值网络的优化目标.

在实际训练过程中, 通常预设训练集 S, 采用蒙特卡罗采样的方式, 随机选取一个批量 $s_1, s_2, \cdots, s_B \sim S$, 近似估计网络参数的梯度. 根据 REINFORCE 算法[155], 计算策略网络参数 θ_p 的梯度:

$$\nabla_{\theta_p} J(\theta_p) \approx \frac{1}{B} \sum_{i=1}^{B} (L(\pi_i|s_i) - b_{\theta_v}(s_i)) \nabla_{\theta_p} \log p_{\theta_p}(\pi_i|s_i), \tag{4.14}$$

其中, $b_{\theta_v}(s)$ 是与策略网络无关的估值网络预测的环游期望值. 算法 4.1 介绍了强化学习预训练算法流程.

算法 4.1   行动者–评论家预训练算法

输入: 策略网络 $p_{\theta_p}(\pi|s)$ 和估值网络 $V_{\theta_v}(s)$

1: 初始化策略网络和估值网络参数 θ_p 和 θ_v

2: **for** $i \in [1, T]$ **do**

3:　　$s_1, s_2, \cdots, s_B \sim \text{SampleInput}(S)$

4:　　$\pi_1, \pi_2, \cdots, \pi_B \sim \text{SampleSolution}(P_{\theta_p}(.|s))$

5:　　$b_1, b_2, \cdots, b_B \sim V_{\theta_v}(s)$

6:　　更新策略网络参数 θ_p:

$$\nabla_{\theta_p} J \leftarrow \frac{1}{B} \sum_{i=1}^{B} (L(\pi_i|s_i) - b_{\theta_v}(s_i)) \nabla_{\theta_p} \log p_{\theta_p}(\pi_i|s_i)$$

$$\theta_p \leftarrow \text{Adam}(\theta_p, \nabla_{\theta_p} J)$$

7:　　计算估值网络目标函数:

$$L(\theta_v) \leftarrow \frac{1}{B} \sum_{i=1}^{B} \|b_{\theta_v}(s_i) - L(\pi_i|s_i)\|_2^2$$

8:　　更新估值网络参数 θ_v:

$$\theta_v \leftarrow \text{Adam}(\theta_v, \nabla_{\theta_v} L)$$

9: **end for**

10: 返回参数 θ_p 和 θ_v

　　深度神经网络在训练阶段通常会花费大量时间训练网络参数, 但是当模型训练完成后, 在测试阶段可以快速获取预测结果. 对于旅行商问题, 可以直接通过预训练阶段得到的策略网络, 在测试阶段并行产生多条环游, 选取最短路径. 这种方式简单有效, 但是强化学习预训练的方式仍依赖大量的训练集, 并且网络参数依赖于训练集的样本分布. 当测试集与训练集样本分布有较大差异时, 模型泛化能力差. 神经组合优化模型在测试阶段, 对固定的输入序列 s, 继续利用强化学习的训练方式通过赏罚信息微调策略网络参数, 获取最佳环游路径. 在测试阶段, 采用主动

搜索的方式, 利用与算法 4.2 类似的策略梯度优化参数, 通过蒙特卡罗采样获取候选环游路径 $\pi_1, \pi_2, \cdots, \pi_B \sim p_{\theta_p}(\cdot|s)$, 并使用指数移动平均法 (Exponential Moving Average) 代替估值网络. 算法 4.2 是主动搜索的流程.

算法 4.2   主动搜索算法

输入: 策略网络 $p_{\theta_p}(\pi|s)$ 和城市序列 s

1: $\pi \leftarrow \text{RandomSolution}()$

2: $L \leftarrow L(\pi|s)$

3: **for** $i \in [1, n]$ **do**

4:     $\pi_1, \pi_2, \cdots, \pi_B \sim \text{SampleSolution}(P_{\theta_p}(.|s))$

5:     $j \leftarrow \text{ArgMin}((L(\pi_1|s), \cdots, L(\pi_B|s)))$

6:     $L_j \leftarrow L(\pi_j|s)$

7:     **if** $L_j < L_\pi$ **then**

8:         $\pi \leftarrow \pi_j$

9:         $L_\pi \leftarrow L_j$

10:    **end if**

11:    $g_\theta \leftarrow \dfrac{1}{B} \sum_{i=1}^{B} (L(\pi_i|s) - b) \nabla_{\theta_p} \log p_{\theta_p}(\pi_i|s)$

12:    $\theta_p \leftarrow \text{Adam}(\theta_p, g_{\theta_p})$

13:    $b \leftarrow \alpha \times b + (1 - \alpha) \times (\dfrac{1}{B} \sum_{i=1}^{B} b_i)$

14: **end for**

15: 返回参数 θ_p

例 4.2(背包问题的求解)   神经组合优化模型, 作为求解组合优化问题的一个通用框架, 只要通过一定的数学技巧对问题进行合理的抽象表示, 就可以使用这个框架进行求解. 下面我们通过对背包问题的求解, 增加对神经组合优化模型通用性的理解.

定义 4.3 (背包问题) 给定一组物品 $G : \{(v_1, w_1), (v_2, w_2), \cdots,$

$(v_n, w_n)\}$, 每个物品都有自己的价值 v_i 和重量 w_i, 在限定的背包容量 W 内, 如何选择装入背包中的物品, 使背包中的物品的总价值最高.

背包问题对应的优化模型为

$$
\begin{cases}
\max\limits_{S \subseteq \{1,2,\cdots,n\}} \sum\limits_{i \in S} v_i, \\
\text{s.t.} \qquad \sum\limits_{i \in S} w_i \leqslant W.
\end{cases}
\tag{4.15}
$$

模型的输入为物品的价值和重量序列 $G : \{(v_1, w_1), (v_2, w_2), \cdots, (v_n, w_n)\}$, 通过指向型网络依次输出放入背包内物体的标号, 当所放物品重量超过背包容量时, 完成一次策略输出. 在限定背包容量为 12.5 的条件下, 通过在 $[0,1]$ 内均匀采样的方式, 获取每个物品的价值 v_i 和重量 w_i, 分别在规模为 50, 100 和 200 数据集上与随机搜索、贪婪法和最优解进行了对比, 表 4.2 展示了实验效果.

表 4.2　背包问题实验效果 [7]

问题规模 n	RL+AC	随机搜索	贪婪法	最优解
50	20.07	17.91	19, 24	20.07
100	40.50	33.23	38.53	40.50
200	57.45	35.95	55.42	57.45

模型通过预训练和主动搜索结合的方式将旅行商问题的求解规模扩大至 100 个顶点, 并推广求解了 200 个物品的背包问题. 这是第一次尝试使用基于强化学习的训练方式求解组合优化问题, 实验结果表明, 即使在没有训练样本的情况下也获得了较优的近似解, 与有监督的训练方式相比, 模型的泛化能力更强, 不再仅仅模拟给定的算法策略, 并扩大了问题求解的规模. 2019 年, Kool 等 [81] 利用 "attention is all you need" 注意力机制对模型进行了改进, 仍利用 REINFORCE 算法, 推广求解了各

种类型的车辆路径问题和旅行商问题.

4.2.2　动态输入的组合优化模型的求解方法

Mohammadreza Nazari 等 [112] 在行动者–评论家的深度强化学习框架下, 改进了指向型网络, 提出能够处理输入元素随时间变化的各类型组合优化问题的深度强化学习方法.

1. 嵌入表示

给定输入序列集合 $X : \{x^i, i = 0, \cdots, M\}$, 为了解决输入序列中元素可以随时间变化的情况, 将每个输入表示为元组 $x_t^i = (s^i, d_t^i)$, 其中 s^i 和 d_t^i 分别表示 t 时刻第 i 个输入的静态和动态元素. 例如, 在车辆路径问题中, 每个客户和配送点的坐标是静态元素, 车辆剩余物品量和已访问过的客户剩余需求量为动态元素. X_0 表示问题初始状态, X_t 表示时刻 t 更新后的输入序列的状态.

循环神经网络适合处理时序关联性较强的问题, 如文本翻译中, 各单词的输入有较强的上下文关联性. 而像旅行商等组合优化问题, 其最终输出策略与输入顺序是无关的, 因此这里利用了一维卷积神经网络替代循环神经网络将输入序列中的各元素嵌入到 D 维向量表示:

$$x_t^i = \left(s^i, d_t^i\right) \rightarrow \bar{x}_t^i = \left(\bar{s}^i, \vec{d}_t^i\right), \tag{4.16}$$

其中, 一维卷积的的宽度为序列长度, 通道数等于各元素的维度, 滤波器的个数为 D.

2. 注意力机制

为叙述方便, 假设上一时刻的输出是第 i 个输入, 更新所有输入序列中的动态元素, 获得 t 时刻的嵌入向量表示 $\overline{X}_t : \{(\bar{s}^1, \vec{d}_t^1), \cdots, (\bar{s}^M, \vec{d}_t^M)\}$.

解码阶段利用注意力机制进行动态和静态嵌入向量的融合, 获得最终的输出概率分布, 如图 4.3 所示.

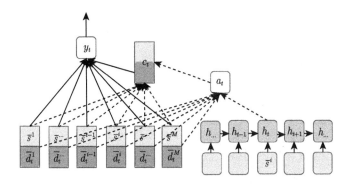

图 4.3 注意力机制示意图

首先, 计算融合向量 a_t:

$$a_t = a_t(\overline{x}_t^i, h_t) = \mathrm{softmax}\,(u_t),\tag{4.17}$$

其中,

$$h_t = f(\overline{s}^i, h_{t-1}),\tag{4.18}$$

$$u_t^i = v_a^{\mathrm{T}} \tanh\left(W_a\left[\overline{x}_t^i; h_t\right]\right).\tag{4.19}$$

然后, 与指向型网络类似, 构造上下文语义向量 c_t:

$$c_t = \sum_{m=1}^{M} a_t^i \overline{x}_t^i.\tag{4.20}$$

最后, 使用回归 softmax 函数进行归一化, 得到与输入元素个数相等的概率分布向量:

$$P\left(y_t|y_{t-1}, X_{t-1}\right) = \mathrm{softmax}\,(\tilde{u}_t),\tag{4.21}$$

其中,

$$\tilde{u}_t^i = v_c^{\mathrm{T}} \tanh\left(W_c\left[\overline{x}_t^i; c_t\right]\right),\tag{4.22}$$

v_a, v_c, W_a, W_c 是相对应的网络参数. 利用以上计算方式得到最终的策略输出 $Y = \{y_1, \cdots, y_{T_y}\}$.

3. 强化学习训练方式

模型的参数训练采用与上一节相同的行动者–评论家框架, 分别构建策略网络 p_{θ_p} 和估值网络 V_{θ_v}. 估值网络的构建主要是利用策略网络输出的概率值对输入的嵌入向量序列进行加权并求和, 即通过两层网络估计对当前问题 X_0 的目标函数预测值 $V(X_0; \theta_v)$, 训练流程如算法 4.3 所示.

算法 4.3　行动者–评论家算法

输入: 策略网络 p_{θ_p} 和估值网络 V_{θ_v}

1: 初始化策略网络和估值网络参数 θ_p 和 θ_v

2: **for** iter$\in [1, T]$ **do**

3:　　$X_1, X_2, \cdots, X_N \sim \text{SampleInput}(S)$

4:　　**for** $i \in [1, N]$ **do**

5:　　　初始化时间步长 $t = 0$

6:　　　**while** 不满足终止条件 **do**

7:　　　　依公式 (4.21) 计算输出 y_t^n

8:　　　　更新当前输入序列状态 X_{t+1}^n

9:　　　　$t = t + 1$

10:　　　**end while**

11:　　　计算输出策略对应奖赏 $R^n = R(Y^n, X_0^n)$

12:　　**end for**

13:　　更新策略网络参数 θ_p :

$$\nabla_{\theta_p} \leftarrow \frac{1}{N} \sum_{n=1}^{N} (R^n - V(X_0^n; \theta_v)) \nabla_{\theta_p} \log P(Y^n | X_0^n)$$

$$\theta_p \leftarrow \text{Adam}(\theta_p, \nabla_{\theta_p})$$

14:　　更新估值网络参数 θ_v:

$$\nabla_{\theta_v} \leftarrow \frac{1}{N} \sum_{n=1}^{N} \nabla_{\theta_v} (R^n - V(X_0^n; \theta_v))^2$$

$$\theta_v \leftarrow \text{Adam}(\theta_v, \nabla_{\theta_v})$$

15: **end for**

16: 返回参数 θ_p 和 θ_v

例 4.3(带容量约束的车辆路径问题的求解) 下面我们主要以车辆路径问题 (Vehicle Routing Problem, VRP) 为例详细介绍算法流程, 但框架并不局限于求解该问题.

定义 4.4 (车辆路径问题) 是指一定数量的客户, 各自有不同数量的货物需求, 配送中心向客户提供货物, 由一个车队负责分送货物, 组织适当的行车路径, 目标是使得客户的需求得到满足, 并能在一定的约束下, 达到诸如路程最短、成本最小、耗费时间最少等目的优化问题.

车辆路径问题是由 Dantzig 和 Ramser 于 1959 年首次提出. 自提出以来, 一直是网络优化问题中最基本的问题之一, 如图 4.4 所示. 旅行商问题是车辆路径问题的特例, 因此, 车辆路径问题也属于 NP-难问题. 由于其应用的广泛性和经济上的重大价值, 车辆路径问题一直受到国内外学者的广泛关注, 提出了一系列的精确解算法和启发式算法. 由此定义不难看出, 在车辆路径问题中, 每个客户的需求量和货车的容量是随时间变化, 一旦一个客户完成配送, 其需求量变为 0, 而货车容量随之减少. 指向型网络适用于求解系统稳定不变的组合优化问题, 对这类问题, 如果需求变化了, 在计算下一决策点时, 需要对整个指向型网络的编码和解码阶段进行更新, 并且在误差反传过程中需要记录所有需求变化的情况, 是十分耗时耗力的. 为了解决以上问题, Kool 等[81] 提出将输入元素区分为静态和动态两种表示, 利用嵌入的方式替代循环神经网络的编码过程对静态和动态元素进行向量表示, 解码阶段将静态向量表示输入到解码循环神经网络中获得隐层向量表示, 利用该隐层表示与动态向量结合, 通过注意力机制获得下一决策点在可行目的地的概率分布.

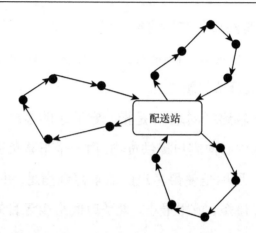

图 4.4　车辆路径问题示意图

定义 4.5(带容量约束的车辆路径问题)　设有一配送点, 一辆有容量限制的货车, 负责为多个客户运输物品, 满足客户的货物需求量, 当货车物品不足时返回配送点补货. 要求所有客户一次配送完成, 且不能违反车辆容量限制, 目的是车辆行驶距离最小.

可以看出, 旅行商问题是货车容量无限制时一种特殊的车辆路径问题.

我们详细介绍带容量约束的车辆路径问题的机器学习求解方法. 通过人工生成的方式构造训练集和测试数据集, 首先利用均匀分布在 $[0,1] \times [0,1]$ 随机生成顾客和配送点的二维坐标 s^i, 然后通过某一概率分布生成每位顾客的需求量 d_0^i, 为简单起见在 9 个离散数字 1—9 中随机采样生成每个顾客的需求量. 获得初始输入序列 $X_0 : \{(s^0, d_0^0), (s^1, d_0^1), \cdots, (s^M, d_0^M)\}$, 其中 (s^0, l_0) 表示配送点的二维坐标和货车容量, $\{(s^1, d_0^1), \cdots, (s^M, d_0^M)\}$ 表示顾客的位置坐标和需求量.

从 $t = 0$ 时刻开始, 车辆满载从配送点出发, 解码循环神经网络的第一个输入为配送点二维坐标的嵌入向量, 依据公式 (4.21) 选择顾客或配

送点标号, 并更新顾客需求 d_{t+1}^i 和货车剩余容量 l_{t+1}:

$$d_{t+1}^i = \max(0, d_t^i - l_t),\tag{4.23}$$

$$d_{t+1}^k = d_{t+1}^k, \quad k \neq i,\tag{4.24}$$

$$l_{t+1} = \max(0, l_t - d_t^i).\tag{4.25}$$

所有顾客需求满足时, 车辆返回配送点, 完成一次策略输出.

利用前面介绍的通用的组合优化问题求解框架, 不仅能够求解带容量约束的车辆路径问题, 还可以求解随机车辆路径等其他相关问题, 并且与传统启发式算法相比在运行速度和精度方面都有了明显提升.

4.2.3 图结构问题的组合优化模型的求解方法

除旅行商问题这类离散顶点的组合优化问题之外, 我们还经常处理社交网络、交通网络等基于图结构的优化问题. 针对这类问题, Dai Hanjun 和 Khalil 等 [78] 提出了将强化学习与图嵌入 [31] 方式相结合的优化算法. 与之前的编码–解码的框架结构不同之处在于, 使用基于图嵌入的方式设计网络, 依据当前时刻和历史时刻输出决定下一时刻输出, 直至遇到终止信号, 完成一次策略, 不再一次输出问题的策略. 配合使用强化学习的 Q-learning 算法 [123,139], 随局部解变化对网络参数进行及时更新, 而不必等到完整策略输出后进行更新.

记 $G(V, E, W)$ 表示带权重的图模型, 其中 V 表示顶点集合, $E = \{(u, v) | u \in V, v \in V\}$ 表示边的集合, $W = \{w(u, v) \geqslant 0 | (u, v) \in E\}$ 表示边的权重集合. 算法利用了简单的贪婪策略思想, 通过深度网络构建估值函数 Q, 判断对于顶点集合中的顶点 $v \in V \backslash S$, 是否适合加入到当前局部解 S 中. 由于求解问题的目标函数和约束条件不同, 为叙述方便, 设计统

一符号表示: $h(S)$ 判断当前局部解是否符合问题的约束条件; $t(h(S))$ 判断局部解是否满足终止条件; $c(h(S), G)$ 为问题的目标函数; $Q(h(S), v)$ 为估值函数, 用于更新局部策略:

$$S = (S, v^*), \tag{4.26}$$

其中,

$$v^* = \arg\max_{v \in \bar{S}} Q(h(S), v). \tag{4.27}$$

依以上表示, 可以利用最简单的贪婪算法 4.4 获取问题的最终策略.

算法 4.4　贪婪算法

输入: 图模型 $G(V, E, W)$, 辅助函数 $h(S)$, 终止条件 $t(h(S))$, 目标函数 $c(h(S), G)$

1: 初始化局部解 $S = \varnothing$, $\bar{S} = V \backslash S$

2: **while** 不满足终止条件 $t(h(S))$ **do**

3:　　$v^* = \arg\max\limits_{v \in \bar{S}} Q(h(S), v)$

4:　　$S = (S, v^*)$, $\bar{S} = V \backslash S$

5: **end while**

6: 返回策略 S

---

1. 图嵌入网络

图论中的图是一种抽象且具有较强表达能力的数据结构, 通过定义顶点和边描述实体和实体之间的关联关系. 图嵌入就是将图中的顶点基于关联信息映射成一个低维稠密向量表示, 保证在原始图中相似的顶点在低维表达空间也接近, 从而有利于构建机器学习模型, 进行后端任务. 图嵌入是机器学习目前一个重要研究方向, 比如 deepwalk [117] 是语言模型和无监督学习从单词序列扩展到图结构上的一个典型方法. 针对图结构的组合优化问题, 通过 Dai 等 [31] 的图嵌入方式 (即从结构到向量的一种表示方式), 迭代获得图的最终向量表示. 下面详细介绍如何利用图嵌入实现向量的更新, 获得最终向量.

基于当前局部解 S, 将点集 V 中的每一个顶点 v 映射为 p 维向量 μ_v. 首先将所有顶点 v 的向量表 μ_v 初始化为 0, 然后使用迭代方式更新向量表示:

$$\mu_v^{(t+1)} = F(x_v, \{\mu_u^{(t)}\}_{\mu \in N(v)}, \quad \{w(v,u)\}_{\mu \in N(v)}; \theta), \qquad (4.28)$$

其中, $N(v)$ 表示顶点 v 的邻点集合, F 表示非线性映射函数, 可以为神经网络或其他类型的核函数, x_v 为二值向量, 当 $v \in S$ 时 $x_v = 1$, 反之为 0. 如图 4.5 展示了最小顶点覆盖问题中, 经过两次图嵌入网络模型迭代, 进行局部解 S 更新的示意图.

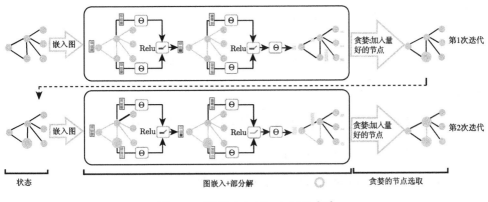

图 4.5 图嵌入网络示意图 [78]

2. 估值网络

基于前面的图嵌入的表示方式, 下面构建神经网络模型近似估值函数 $Q(h(S), v|\theta)$, 如算法 4.5 所示.

3. 训练方式 Q-learning

训练方式采用了 n 步 Q-learning [139] 和 Fitted Q-iteration [123] 结合的强化学习训练方式, 克服了延迟奖励的弊端, 并利用经验池来存储历

史样本, 保证参数更新的独立性. 首先对强化学习框架中状态、动作、奖励等进行简单描述:

算法 4.5 $Q(h(S), v|\theta)$ 计算算法

输入: 图模型 $G(V, E, W)$, 当前局部解 S, 顶点 v

1: 若 $v \in S$, $x_v = 1$, 否则 $x_v = 0$

2: **for** $i \in [1, T]$ **do**

3:　 $\pi_1, \pi_2, \cdots, \pi_B \sim \text{SampleSolution}(P_{\theta_p}(.|s))$

4:　 **for** $v \in V$ **do**

5:　　 $\mu_v^{(t)} = \text{relu}(\theta_1 x_v + \theta_2 \sum_{u \in N(v)} \mu_u^{(t-1)} + \theta_3 \sum_{u \in N(v)} \text{relu}(\theta_4 w(v, u)))$

6:　 **end for**

7: **end for**

8: 返回 $Q(h(S), v|\theta) = \theta_5^{\text{T}} \text{relu} \left(\theta_6 \sum_{u \in V} \mu_u^{\text{T}}, \theta_7 \mu_v^{\text{T}} \right)$

状态: 通过将顶点嵌入向量相加 $\sum_{v \in V} \mu_v$, 把当前局部状态 S 表示为 p 维向量.

状态转移: 通过估值网络的计算结果, 若选择顶点 $v \in V \setminus S$ 加入到当前局部顶点覆盖 S 中, 则修改指示向量 $x_v = 1$.

动作空间: 顶点集合 $V \setminus S$ 中任一顶点 v.

奖励: 定义奖励函数为 $r(S, v)$, 从动作空间选取 v 添加到当前局部解 S, 得到新的状态 $S' = (S, v)$ 后, 对目标函数 $c(h(S), G)$ 的影响:

$$r(S, v) = (c(h(S'), G) - c(h(S), G)). \tag{4.29}$$

记 $R_{t,t+n} = \sum_{i=0}^{n-1} r(S_{t+i}, a_{t+i})$ 表示执行了 n 步的动作 a 后, 得到的累积奖赏.

策略: 通过估值网络对当前顶点覆盖集合 S 的评估, 依 $\pi(v|S) = \text{argmax}_{v \in \bar{S}} Q(h(S), v)$ 选取动作空间中的顶点 v, 添加到当前解 S 中, 获

得奖励 $r(S, v)$.

网络的优化目标为

$$L(\theta) = (y - Q(h(S_t), v_t|\theta))^2, \tag{4.30}$$

其中,

$$y = \sum_{i=0}^{n-1} r(S_{t+i}, v_{t+i}) + \gamma \max_{v'} Q(h(S_{t+n}), v'|\theta), \tag{4.31}$$

每 $t+n$ 步, 将多元向量 $(S_t, v_t, R_{t,t+n}, S_{t+n})$ 添加到经验池中, 用于随机梯度更新. 算法 4.6 展示了 Q-learning 求解网络参数的流程.

算法 4.6 Q-learning 训练算法

1: 初始化经验池 M

2: **for** $e \in [1, L]$ **do**

3:    随机采样生成 G

4:    初始化局部解 $S = \varnothing$

5:    **for** $t \in T$ **do**

6:    $v_t = \begin{cases} \text{随机选择节点 } v \in \bar{S}_t, & \text{w.p. } \varepsilon \\ \arg\max\limits_{v \in \bar{S}_t} Q(h(S_t), v|\theta), & \text{w.p. } 1-\varepsilon \end{cases}$

7:        $S_{t+1} = (S_t, v_t)$

8:        **if** $t > n$ **then**

9:            将 $(S_{t-n}, v_{t-n}, R_{t-n,t}, S_t)$ 添加到经验池 M

10:            从经验池 M 中随机采样生成批量 B

11:            依损失函数 (4.30) 使用随机梯度下降法更新参数 θ

12:        **end if**

13:    **end for**

14: **end for**

15: 返回网络参数 θ

例 4.4(最小顶点覆盖问题的求解) 下面我们用上述方法求解最小顶点覆盖问题. 最小顶点覆盖问题 (Minimum Vertex Cover, MVC) 是经典的 NP-难组合优化问题, 是有着重要的理论意义和广泛应用的模型.

定义 4.6(最小顶点覆盖问题)　给定一个无向图 G, 顶点覆盖是指找到该图的一个顶点子集 $S \subseteq V$, 使得图中每一条边 $e(u,v) \in E$ 都至少有一个点属于该集合 $u \in S$ 或 $v \in S$. 最小顶点覆盖问题就是对一个图找出规模最小的顶点覆盖 $|S|$(即 S 中包含的元素个数 $|S|$ 最少).

对于最小顶点覆盖问题, 我们不需要设置辅助函数 $h(S)$, 判断当前局部解是否符合问题的约束条件; 问题的目标函数是要最大化负的顶点个数 $c(h(S), G) = -|S|$; 终止条件是判断当前解 S 是否覆盖所有边. 对每个顶点 v, 设置二值指示向量 x_v, 判断顶点 v 是否在当前解 S 中, 当 $v \in S$ 是 $x_v = 1$, 反之为 0.

构建图嵌入网络, 通过迭代的方式获得每个顶点的 p 维嵌入向量表示 μ_v. 初始化所有顶点的嵌入表示 μ_v^0 为 $\vec{0}$, 依公式 (4.28) 进行迭代, 获得每个顶点在当前解 S 下的嵌入向量 μ_v. 利用算法 4.5 构建估值网络 $Q(h(S), v|\theta) = Q(S, v|\theta)$, 计算顶点集合 $v \in V \setminus S$ 中的每个顶点的价值, 判断是否加入到当前局部解 S 中.

最小顶点覆盖问题的状态、动作、奖赏等表示:

(1) 状态: 当前局部解 S 表示为 p 维向量, 将顶点嵌入向量相加 $\sum\limits_{v \in V} \mu_v$.

(2) 状态转移: 如果通过估值网络计算, 顶点 $v \in V \setminus S$ 加入到当前局部顶点覆盖 S 中, 修改对应的指示向量 $x_v = 1$.

(3) 动作空间: 顶点集合 $V \setminus S$ 中任一顶点 v.

(4) 奖励: 对于最小顶点覆盖问题, 定义奖励函数 $r(S,v)$ 为从动作空间选取 v 添加到当前局部解 S, 得到新的状态 $S' = (S,v)$ 后, 对目标

函数 $c(h(S), G) = -|S|$ 的变化,

$$r(S, v) = (c(S', G) - c(S, G))$$
$$= -|(S, v)| - (-|S|)$$
$$= -1. \tag{4.32}$$

(5) 策略: 通过估值网络对当前顶点覆盖集合 S 的评估, 依 $\pi(v|S) = \mathrm{argmax}_{v \in \bar{S}} Q(S, v)$ 选取动作空间中的顶点 v, 添加到当前解 S 中, 获得奖励 $r(S, v)$.

在算法 4.6 的框架下, 结合算法 4.5 对图嵌入网络和估值网络参数进行更新, 得到最终的网络模型, 通过简单的贪婪算法 4.4 进行策略的输出.

4. 实验结果

利用图嵌入与 Q-learning 结合的训练方式, 求解最小顶点覆盖问题 (MVC)、最大割问题 (MAXCUT) 等图结构问题以及平面旅行商问题 (TSP2D) 和广义旅行商问题 (GTSP), 并将求解规模扩大至 1000 个顶点.

表 4.3 展示了算法的泛化能力和求解结果, 表中的值是具体实例 G 对应行中的算法得到解 S 的近似比 $R(S, G)$, 详见式 (4.33). 针对以上四个组合优化问题, 在 50–100 个顶点的图上进行训练, 在多达 1000 到 2000 个顶点之间进行测试. 对于每一个给定的图 G, 通过图嵌入的深度强化学习模型给出一个解 S, 最优解只与图 G 有关, 而解 S 与具体的算法有关. 对于具体实例 G 解为 S 的近似比定义为

$$R(S, G) = \max\left(\frac{\mathrm{OPT}(G)}{c(h(S))}, \frac{c(h(S))}{\mathrm{OPT}(G)}\right), \tag{4.33}$$

表 4.3　实验效果 [78]

	50—100	100—200	200—300	300—400	400—500	500—600	$1k$—$2k$
MVC	1.0033	1.0041	1.0045	1.0040	1.0045	1.0048	1.0062
MAXCUT	1.0150	1.0181	1.0202	1.0188	1.0123	1.0177	1.0038
TSP2D	1.0730	1.0895	1.0869	1.0918	1.0944	1.0975	1.1065
GTSP	1.0776	1.0915	1.1016	1.1075	1.1113	1.1158	1.1252

其中, $c(h(S))$ 是解 S 的目标函数值 (例如旅行商问题的一个环游为 S, $c(h(S))$ 是环游 S 的长度), $\mathrm{OPT}(G)$ 是实例 G 的最优目标值. 近似比越低说明求解结果越好, 由于受计算时间和资源限制, 这里的 "最优解" 不是实际意义上的最优解 (是通过传统启发式算法在一小时内获得的最优解), 当问题规模增加时, 通过传统算法获得解的质量有所下降, 这就是为什么有时候基于图嵌入的方法可以在更大的图上得到更好的近似比.

4.3　本 章 小 结

本章是在第 3 章对从序列输入到序列输出问题的机器学习网络模型和算法改进的基础上, 针对组合优化问题进行进一步地改进, 提出求解组合优化问题的指向型网络模型和基于目标函数训练的求解算法, 从而得到基于有监督学习的组合优问题的求解方法; 提出神经组合优化模型以及基于强化学习的求解方法, 组合优化问题的深度强化学习求解方法和图表示的求解方法. 指向型网络的提出, 为我们利用深度学习解决组合优化问题提供了思路. 但是单纯依靠训练样本和标签的有监督学习, 并不能很好地解决组合优化问题, 特别是其中的 NP-难问题. 主要是由于: ① 通过这种方式得到的模型算法的有效性取决于样本标签的质量, 对于 NP-难问题并不能获得大量高质量的样本标签; ② 不应该只是模仿其他算法的思路, 有监督的训练方式很难探索和发现新的求解算法.

强化学习与深度网络相结合的算法与有监督的学习方式相比, 需要的集中训练的样本数量明显降低, 而且对样本的质量没有过高要求. 模型可以通过自学习的方式进行训练和提升, 摆脱了人工经验的限制, 可以自动发现求解问题的策略, 提高模型的泛化能力. 并且, 相同的网络模型可以推广解决多种不同类型的组合优化问题, 摆脱了之前需要针对不同问题设计专门算法的弊端. 强化学习与深度学习结合的训练方式, 可以充分利用现有的 GPU, TPU 等计算资源, 提高求解的效率, 扩大问题的求解规模, 是目前求解组合优化问题的重要研究方向之一.

第 5 章　图像识别中的组合优化问题的求解方法

5.1　多指向型网络求解点集匹配问题

图像匹配是计算机视觉中一个具有挑战性的问题, 它是解决许多实际应用的基础, 如三维重建 [10]、多目标追踪 [162,166]、行为识别 [17]、个体再识别 (Person Re-Identification, Person Re-ID) [32,115] 等. 无论是判断对应同一场景的两幅不同图像, 还是确定图像序列中运动物体的轨迹信息, 或者识别不同视角下的同一个体, 这些问题都可以抽象为点集匹配问题, 即一个集合中的每个元素都唯一地对应第二个集合中的另一个元素.

下面我们给出一种基于循环神经网络的端对端模型——多指向型网络 (Multi-pointer Network) 求解点集匹配问题的方法. 首先, 我们将点集匹配问题转化为序列问题, 输入特征点的向量序列, 输出匹配点对的边际分布概率. 然后在指向型网络的基础上, 利用多标签分类的思想改进模型. 不同于之前的网络模型在每个时间节点只输出输入序列中的一个元素, 改进的模型选择输入序列中的一组元素作为输出. 利用这种方式, 可以求解相对于整个空间的平移变换、刚性变换和相似变换. 除此之外, 模型还可以推广求解其他带结构的组合优化问题, 如德洛内三角剖分等问题.

5.1.1　点集匹配问题

点集匹配问题的目标是寻找两个点集之间的对应关系, 可以描述为如下数学模型: 给定两个点集 $A = \{p_i \in R^d : i = 1, 2, \cdots, m\}$ 和 $B = \{q_i \in R^d : i = 1, 2, \cdots, n\}$, 其中 A 表示可以移动的模板点集, B 表示固定的目标点集, 两个点集可以看作有限维实向量空间 R^d 中的两个有限子集, 两个集合的大小不必相等. 实际计算过程中, 如果 $n \neq m$, 则选取元素较少的集合增加虚拟点进行扩充, 保证两个点集元素数目相等, 并且是虚拟点与另一集合中所有元素的相似度为 0,, 根据处理问题的不同, 相似度的定义可以不同. 由此, 在后续讨论中不妨设 $n = m$. 目标点集由模板点集经过某一空间变换 $\mathcal{F}$ 生成, 两个点集的对应关系为: $B = \mathcal{F}(A)$. 点集匹配的研究目标就是建立两个点集间的对应关系, 将其中一个点集正确映射到另一点集中的对应点上.

点匹配问题的可行解集合是包含了所有满足点集 A 中的每个点都唯一对应点集 B 中的一个点的排列组合. 基于此, 点集匹配问题可以转换为下述组合优化问题:

$$
\begin{cases}
x^* = \arg\max_x f(x), \\
\text{s.t.} \quad \forall j : \sum_i X_{ij} = 1, \\
\forall i : \sum_j X_{ij} = 1,
\end{cases}
\tag{5.1}
$$

其中, $x \in \{0,1\}^{nm}$ 为二值指示向量, 表示两个点集中顶点的一一对应关系; $X \in \{0,1\}^{nm}$ 是向量 x 的矩阵形式, 其中 $X_{ij} = 1$ 表示点集 A 中的顶点 i 对应点集 B 中的顶点 j, $X_{ij} = 0$ 表示两者不匹配. $f(x)$ 表示联合匹配概率分布或者关于二值向量 x 的损失函数, $f(x)$ 的形式根据具体的求解问题要求而有所不同.

在一些特定的应用背景下, $f(x)$ 的形式不同, 问题的求解难度也会有所差异. 如在多目标追踪[166]、视频图像中的人物再识别[32] 的应用中,

在个体之间相互独立假设条件下, 问题转换为线性指派问题:

$$
\begin{cases}
x^* = \underset{x}{\arg\max}\, c^{\mathrm{T}} x, \\
\text{s.t.} \ \ \forall j: \sum_i X_{ij} = 1, \\
\qquad\ \ \forall i: \sum_j X_{ij} = 1,
\end{cases}
\tag{5.2}
$$

其中 c 为线性相关系数. 这类问题可以在多项式时间内获得精确解, 如二部图匹配算法[83]. 但是在其他应用中, 如双目立体匹配 (Stereo Matching) [103]、迭代最近点算法 (Iterative Closest Point, ICP) [172] 等问题中一般有更高阶的约束条件, 问题转换为二次指派问题等 NP-难的组合优化问题, 增加了求解困难.

Rezatofighi 等[57] 提出了利用顶点匹配关系的边际分布提高匹配准确率的方法. 具体来说, 记 $p(X_{ij})$ 表示在可行解集合中顶点 i 与顶点 j 匹配的边际分布:

$$
p(X_{ij}) = \sum_{\{X \in \Theta \mid X_{ij} = 1\}} p(X),
\tag{5.3}
$$

其中 Θ 表示可行解空间. 点集匹配转换为获取最大联合分布的问题, 该方法使用贝叶斯估计的方式代替最大后验概率, 计算得到最佳匹配关系. 由于可行解一般随点集数目成指数型增长, 计算所有的可行解是不可能的, 实际中一般使用近似的方式估计 $p(X_{ij})$, 确定最终的匹配关系.

5.1.2   多标签分类

多标签分类问题很常见, 比如一部电影可以同时被分为动作片和犯罪片, 一则新闻可以同时属于政治和法律, 还有生物学中的基因功能预测问题、场景识别问题、疾病诊断等. 多标签学习研究的是单个实例样本同时与一组标签相关联的问题. 在过去的十年里, 提出了一些基于机器学习的方法 [169].

多标签问题形式化描述为: 设 $\mathcal{X} = \{x | x \in R^d\}$ 表示 d 维样本空间, $\mathcal{Y} = \{y_1, y_2, \cdots, y_q\}$ 表示含有 q 个类别的有限标签集合, 多标签分类的目的就是从训练集 $\mathcal{D} = \{(x_i, Y_i) | i = 1, \cdots, N\}$ 中学习一个多标签分类器 $h: \mathcal{X} \to 2^{\mathcal{Y}}$, 其中, $x_i \in \mathcal{X}$ 是一个 d 维向量 $(x_{i1}, x_{i2}, \cdots, x_{id})$, $Y_i \in \mathcal{Y}$ 代表 x_i 对应的标签集. 对于未训练过的实例 $x \in \mathcal{X}$, 多标签分类器 $h(\cdot)$ 能够合理预测与样本 x 相对应的标签 $h(x) \in \mathcal{Y}$.

依据解决问题的角度, 多标签的学习算法可以分为两大类: 一是改造数据适应算法, 二是改造算法适应数据. 基于这两种思想, 目前已经有多种相对成熟的算法被提出. 改造数据适应算法方法的基本思想是通过对多标签训练样本进行处理, 将多标签学习问题转换为其他已知的学习问题进行求解, 代表性学习算法有 Binary Relevance [13]、Random k-labelsets [144]、Calibrated Label Ranking [42]、LP [99]. 总体来说, 这类方法考虑类标之间的联系, 但是对于类标较多、数据量较大的数据集, 计算复杂度高是一个很明显的缺陷. 改造算法适应数据与改造数据适应算法不同, 改造数据适应算法的方法是将多标签问题转化成一个或者多个单标签问题, 改造算法适应数据的方法是在多标签的基础上研究算法. 近年来, 用于多标签的改造算法适应数据的方法越来越多, 代表性学习算法有 Rank-SVM [37]、ML-KNN [168]、LEAD [167].

多标签分类技术与深度学习的结合也在各个领域产生了广泛的应用. 深度学习应用在多标签分类中, 整体的深度学习结构没有太大的差异, 主要差异就是在最后输出时, 需要设定一个阈值, 找到大于阈值的前几个标签值. 阈值可以人为设定或根据性能度量值设定. 2015 年, Berger[9] 使用结合卷积神经网络和门限循环单元 GRU 的网络模型用于多标签文本分类任务, 取得了不错的效果. 在医疗领域, Lipton 等 [93] 利用序列分析的方式, 进行病症诊断. Yeung 等 [163] 结合长短期记忆网络模型, 进行视频中动作识别与分析.

　　多标签分类的广泛应用, 也为求解点集匹配问题带来了启示. 使用循环神经网络结合多标签的思想, 增加每个时间节点输出元素之间的关联性, 适用于带结构的组合优化问题.

5.1.3　算法结构

　　点集匹配的目标是确定两个点集之间的对应关系. 通过在模板点集后面添加终止符 "⇒" 的方式, 将两个点集合并为一个序列 $\{p_1, \cdots, p_m, \Rightarrow, q_1, \cdots, q_n\}$, 把点集的对应关系转换为顶点标号排序的组合优化问题. 图 5.1 展示了将一个 3 对 3 的点集匹配问题转换为序列问题的示意图. 已知点集 $A = \{p_1, p_2, p_3\}$ 和点集 $B = \{q_1, q_2, q_3\}$, 假设两个点集之间的对应关系为 (p_1, q_2), (p_2, q_3), (p_3, q_1), 图 5.1 右侧展示了每个时间节点的输出情况, 其中虚线圈表示终止符. 基于以上的转换, 可以使用编码–解码框架对点集匹配问题进行求解.

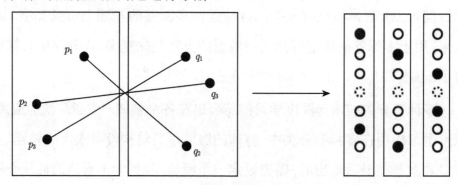

图 5.1　点集匹配转换为序列问题的示意图

为了解决点集匹配问题, 我们提出了一个新的网络模型——多指向型网络模型, 可以在每个时刻同时输出输入序列中的多个元素. 多指向型网络利用多标签分类的思想改进了指向型网络. 图 5.2 描述了求解 3 对 3 的点集匹配的多指向型网络模型, 网络的输入为通过终止符号 $\Rightarrow$ 连接的点集序列: $A = \{p_1, p_2, p_3\}$ 和 $B = \{q_1, q_2, q_3\}$, 输出为两个点集之间的匹配关系.

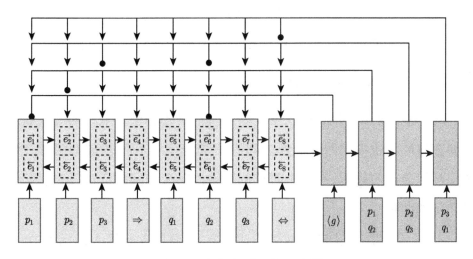

图 5.2　多指向型网络示意图

1. 编码阶段的双向循环神经网络

传统的循环神经网络, 只能从左至右顺序读取序列信息. 而对于点集匹配问题, 当前时刻的隐层节点不仅和之前的点集序列有关, 也和之后的点集序列相关, 因此我们采用双向循环神经网络, 在每个时间节点同时考虑过去和未来的序列信息, 增加两个点集之间的关联性.

首先, 使用正向循环神经网络 $\vec{f}$ 从左至右顺序读取输入点集序列, 获得隐层状态表示 $(\overrightarrow{e_{11}}, \cdots, \overrightarrow{e_{1m}}, \overrightarrow{e_{21}}, \cdots, \overrightarrow{e_{2n}})$, 然后使用反向循环神经网络 $\overleftarrow{f}$ 逆序读取输入序列, 获得隐层表示 $(\overleftarrow{e_{11}}, \cdots, \overleftarrow{e_{1m}}, \overleftarrow{e_{21}}, \cdots, \overleftarrow{e_{2n}})$. 最终

将获得的两个隐层序列连接起来, 得到最后的编码序列 $(e_{11}, \cdots, e_{1n}, e_{21},$ $\cdots, e_{2m})$, $e_i = \begin{bmatrix} \overrightarrow{e_i} \\ \overleftarrow{e_i} \end{bmatrix}$, 两个隐层序列之间无连接关系.

在编码过程同时考虑两个方向的序列信息, 隐层节点可以直接考察未来点集的信息, 不需要延时. 对于点集匹配问题, 在每个时间节点, 不仅考察之前顶点的信息, 还可以对之后的顶点信息进行总结, 增加两个点集之间通信关系, 有利于提高匹配准确率. 在具体网络模型中, 我们使用长短期记忆模型作为双向循环神经网络中前向和后向结构模块.

2. 解码阶段的多指向型网络

对于点集匹配问题, 不仅要在编码阶段考虑各个顶点之间的关联, 还需要在解码阶段考虑两个点集之间的关系. 设计解码阶段的网络时, 参考了多标签分类的思想, 在每个时刻同时输出对应的匹配点对, 增加两个点集之间的关联.

首先, 仍使用原指向型网络的计算方式, 获取关于输入各元素之间的 "注意力" 权重向量 u_t:

$$u_t^i = v^{\mathrm{T}} \tanh \left(W_1 e_i + W_2 d_t \right), \quad i \in (1, 2, \cdots, T_x), \tag{5.4}$$

其中, $T_x = n + m$, e_i 代表编码隐层向量, d_t 代表当前时刻 t 的解码隐层向量, v, W_1, W_2 代表对应的向量和矩阵参数. 每个时刻输出的条件概率计算方式:

$$P(y_t | y_1, y_2, \cdots, y_{t-1}, X; \theta) = \mathrm{sigmoid}(u_t). \tag{5.5}$$

使用 sigmoid 函数代替之前指向型网络中使用的 softmax 函数以适应多标签网络的损失函数. 通过这种方式, 保证网络在每个时刻的输出是匹配的点对或具有其他几何结构的点集.

为了适应求解点集匹配问题, 在训练阶段, 我们将每个时刻的输出标签设计为指示向量, 除匹配点对所在位置外, 其余坐标为 0, 如图 5.1 所示. 采用交叉熵损失训练网络参数:

$$\text{loss}\left(Y, \hat{Y}\right) = \frac{1}{N}\frac{1}{T}\sum_{n=1}^{N}\sum_{t=1}^{T} -((y_t^n \log \hat{y}_t^n) + (1 - y_t^n) \log(1 - \hat{y}_t^n)), \quad (5.6)$$

其中, N 表示网络训练样本数, T 表示序列长度, Y 和 $\hat{Y}$ 表示样本的预测值和输出标签, y_t^n 和 $\hat{y}_t^n$ 表示网络第 n 个样本在第 t 个时刻输出的预测值和标签. 这样, 在每个时刻的输出阶段, 可以充分利用两个点集之间的内在联系, 从而提高匹配效率. 在最终的预测阶段, 将指示向量转换为一一对应的匹配关系.

点集匹配是为了求解两个点集之间的对应关系. 基于多标签分类的思想改进的网络更有利于挖掘了两个点集之间的关联信息, 适合求解输出阶段标签之间具有高度相关性的组合优化问题. 通过这种改进, 信息可以在两个点集之间传播, 大大提高了匹配问题的准确性. 除此之外, 多指向型网络还适用于求解其他带结构的组合优化问题, 如德洛内三角剖分等.

5.1.4 实验结果及分析

这一部分, 我们将详细介绍实验的细节并分析实验结果. 首先, 进行了关于双向循环网络对网络性能提升的对比实验. 然后, 为了验证模型在处理点集匹配问题的有效性, 在平移变换、刚性变换和相似变换的点集匹配问题中与指向型网络做了相关对比实验. 最后, 为了验证模型的泛化能力, 在德洛内三角剖分问题上与之前的算法做了对比.

在以下所有的实验中, 批尺寸 (Batchsize) 都采用了 128 个点集序列, 并将每个顶点的特征向量嵌入到 256 维固定向量中. 在编码和解码

阶段, 模型均采用了单层结构的长短期型记忆模型. 在编码阶段, 双向
循环神经网络由两个包含 128 个隐藏层节点的长短期型记忆模型结构组
成. 在解码阶段, 使用包含 256 个隐藏层节点的长短期型记忆模型结构
并添加了注意力机制 [148] 用于增加输入序列各个元素之间的关联性. 依
据文献 [7] 的实验结果, 我们在设计实验时也使用了一次注意力机制以
保证在求解效率和速度之间的折中. 使用 $[-0.08, 0.08]$ 区间的均匀分布
初始化网络结构中的长短期型记忆模型的参数. 为了避免梯度爆炸问题,
采用了 L_2 范数的形式将梯度截断至 2.0. 采取 Adam 优化方式进行所
有参数的更新, 初始学习率设置为 10^{-3}, 每 5000 步衰减 0.96. 虽然针对
不同的数据集修改超参数会提升网络性能, 但是为了说明网络结构的有
效性, 在所有实验中, 设置了相同的超参数.

为了验证平面二维点集之间的平移变换、刚性变换、相似变换以及
点集数目对网络性能的影响, 下面以点 $p = (x, y)$ 与点 $q = (X, Y)$ 为变
换前后两点分别介绍这些变换.

平移变换是最基本的变换形式, 矩阵表达式为

$$
\begin{bmatrix} X \\ Y \\ 1 \end{bmatrix} = \begin{bmatrix} 1 & 0 & d_x \\ 0 & 1 & d_y \\ 0 & 0 & 1 \end{bmatrix} \begin{bmatrix} x \\ y \\ 1 \end{bmatrix}, \tag{5.7}
$$

其中, d_x, d_y 分别为水平方向和垂直方向的平移量.

如果点集之间只有平移和旋转变换, 那么这种变换称为刚体变换, 其
矩阵表达式为

$$
\begin{bmatrix} X \\ Y \\ 1 \end{bmatrix} = \begin{bmatrix} 1 & 0 & d_x \\ 0 & 1 & d_y \\ 0 & 0 & 1 \end{bmatrix} \begin{bmatrix} \cos\theta & -\sin\theta & 0 \\ \sin\theta & \cos\theta & 0 \\ 0 & 0 & 1 \end{bmatrix} \begin{bmatrix} x \\ y \\ 1 \end{bmatrix}, \tag{5.8}
$$

其中 θ 为旋转角度. 刚体变换保证任意两点之间的距离在变换后保持不变.

如果点集间除了平移和旋转变换之外, 还包括缩放变换时, 这种变换称为相似变换, 其矩阵表达式为

$$
\begin{bmatrix} X \\ Y \\ 1 \end{bmatrix} = \begin{bmatrix} 1 & 0 & d_x \\ 0 & 1 & d_y \\ 0 & 0 & 1 \end{bmatrix} \begin{bmatrix} \cos\theta & -\sin\theta & 0 \\ \sin\theta & \cos\theta & 0 \\ 0 & 0 & 1 \end{bmatrix} \begin{bmatrix} s & 0 & 0 \\ 0 & s & 0 \\ 0 & 0 & 1 \end{bmatrix} \begin{bmatrix} x \\ y \\ 1 \end{bmatrix},
$$

(5.9)

其中, s 为尺度参数.

首先, 在均匀分布 $[1,2] \times [1,2]$ 上随机采样生成模板点集 A. 然后, 在点集 A 上进行不同的变换生成点集 B. 为了避免变换之后, 点集 B 中顶点的坐标小于 0, 我们对 B 中顶点的坐标进行了细微调整. 下面将详细描述数据集大小和各种变换的设置方式.

实验设置了两个固定大小的数据集 $6-to-6$(点集 A 中的样本点为 6 个, 点集 B 中的样本点为 6 个), $10-to-10$ 以及一个不固定的数据集 $5\sim10-to-5\sim10$(数据集 A 中的顶点个数取 5 到 10 之间的随机数, 数据集 B 中的顶点个数取 5 到 10 之间的随机数).

我们采取了与之前实验不同的方式进行平移变换的验证. 首先, 在均匀分布 $[0,1]$ 中随机采样生成横纵坐标变换参数 d_x, d_y. 然后, 对横纵坐标变换参数进行归一化的线性变换, 保证变换向量的模长为 1 而方向不变. 采用这种方式, 平移就不在是像素级别的而是相对于整个空间的变换方式, 更具有实际应用价值.

旋转角度的实验中, 设置了三个不同的动态旋转区间 $[0°, 45°]$, $[0°, 90°]$, $[0°, 135°]$. 除此之外, 还验证了数据集大小对旋转变换的影响.

相似变换的验证实验中, 设置了从 50% 到 150% 的不同变换范围, 旋转角度范围为 $[0°, 30°]$, 平移变换仍采取相对于整个空间的变换方式.

1. 实验结果和分析

实验结果, 使用平均正确点对比 (Average Correct Point Pair Ratio, ACPPR) 来计算实验的准确率. 具体计算公式:

$$\text{ACPPR} = \frac{\text{正确匹配数}}{\text{所有正确匹配点对数}}. \tag{5.10}$$

为了消除实验中的随机因素, 采取 500 个样本的测试集统计计算正确匹配率的平均值.

(1) 双向循环神经网络对比实验

实验验证了双向循环神经网络在平移和旋转变换中对准确率的影响. 选取的数据集大小为 $5 \sim 10 - \text{to} - 5 \sim 10$, 旋转变换区间为 $[0°, 45°]$. 图 5.3 展示了训练过程中, 损失函数值随迭代次数的变化. 由曲线图可知, 添加双向循环神经网络的模型收敛速度更快, 并且收敛的最终结果中损失函数值更小.

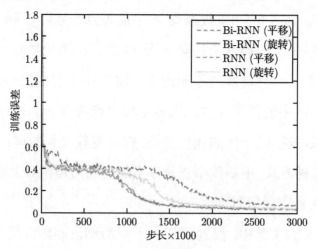

图 5.3   双向循环神经网络对比实验结果

(2) 不同类型的变换结果分析

这一小节的实验结果有效地验证了多指向型网络在处理不同类型变换方式和不同大小数据集的效率.

首先, 验证了不同旋转角度对网络效率的影响, 实验结果呈现在表 5.1 中.

表 5.1   各旋转角度区间实验效果

旋转变换角度区间	$[0°, 45°]$	$[0°, 90°]$	$[0°, 135°]$
$N = 5 \sim 10$	98.87%	97.83%	97.13%

表 5.2 比较了在固定旋转区间 $[0°, 30°]$ 内, 数据集大小、平移、刚性以及相似变换对实验的影响, 其中多指向型网络记为 M, 指向型网络记为 P. 多指向型网络对刚性和相似变换的鲁棒性更好, 指向型网络与之相比准确率下降地较快. 可以看出多指向型网络使用多标签分类的思想改进了之前的指向型网络, 增进了两个点集之间的联系, 从而可以应对大幅度变换的点集匹配问题.

表 5.2   不同变换实验效果

顶点数目	$N=6$		$N=5 \sim 10$		$N=10$	
	M	P	M	P	M	P
平移变换	99.47%	98.59%	98.18%	96.02%	97.31%	95.79%
旋转变换	99.78%	99.08%	99.51%	98.12%	99.48%	97.83%
刚性变换	98.45%	97.89%	97.33%	95.67%	96.78%	94.27%
相似变换	97.35%	96.42%	96.77%	94.8%	96.24%	93.89%

2. 德洛内三角剖分

为了验证网络的泛化能力, 我们求解了另一在计算机和数学领域应用广泛的德洛内三角剖分 (Delaunay Triangulation) 问题. 点集的三角剖分, 对数值分析 (比如有限元分析) 以及图形学来说, 都是极为重要的一项预处理技术, 尤其是德洛内三角剖分, 由于其独特性, 关于点集的很多种几何图都和德洛内三角剖分相关, 如 Voronoi 图等。德洛内三角剖分问题是 1934 年提出的, 它要求将空间点连接为三角形, 使得所有三角形中最小角最大的一个技术. 德洛内三角剖分是连接计算机视觉与计算机图形学的桥梁, 二维三角剖分通常应用于计算机视觉中标记空间目标的特征运动场景跟踪、目标识别以及两个不同的摄像机的场景匹配等.

  给定平面内的一个点集 P, 德洛内三角剖分就是对点集 P 内顶点连接形成一个个的三角形, 且符合: ① 空圆特性: 在德洛内三角形网中任一三角形的外接圆范围内不会有其他点存在; ② 最大化最小角特性: 在散点集可能形成的三角剖分中, 德洛内三角剖分所形成的三角形的最小角最大, 具体的说是在两个相邻的三角形构成凸四边形的对角线, 在相互交换后, 两个内角的最小角不再增大.

  与生成点集匹配的数据集方式类似, 我们仍采用在均匀分布 $[0,1] \times [0,1]$ 内随机采样的方式生成点集 P. 为了便于训练, 首先对平面点集 P 中顶点进行从 0 到 n 的顺序标号, 记 $S^P = \{S_1, S_2, \cdots, S_{m(P)}\}$, 代表点集形成的三角形序列, 其中 S_i 为平面点集 P 生成的第 i 个三角形. 图 5.4 展示了五个顶点的三角剖分示意图, 输入顶点集合 $P = \{p_1, p_2, p_3, p_4, p_5\}$, 输出三角剖分集合 $S^P = \{(1,2,5),(2,3,5),(3,4,5)\}$.

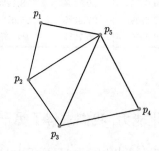

图 5.4 德洛内三角剖分示意图

最终生成的三角剖分中, 即使各个三角形的排列顺序不同, 代表的仍然是同一个三角剖分. 为了消除由三角形排列顺序而增加的计算量, 使用三角形的内点坐标对三角形进行了重新排序. 与指向型网络的不同之处在于, 模型可以同时输出三角形的三个顶点坐标, 因此消除了顶点排列顺序对实验的影响. 在 5 个顶点的三角剖分实验中, 我们的结果提高了0.45%, 表 5.3 展示了两个网络模型在德洛内三角剖分对比实验结果.

表 5.3　德洛内三角剖分实验效果

算法	多指向型网络	指向型网络
准确率	81.50%	81.05%

5.2　基于强化学习的图匹配问题的求解方法

图匹配问题是计算机视觉、多媒体、模式识别、图形学以及生物信息学等学科中的一个基本问题, 被广泛应用于各领域中. 早在 1970 年,Barrow 等 [4] 利用属性图建模和图匹配技术处理图像中的全局和局部信息. 近年来, 图匹配技术在形状匹配 [88]、目标跟踪 [160]、动作识别 [17]、三维重建 [129] 等多媒体和计算机视觉领域中, 取得了引人瞩目的成果. 除此之外, 图匹配问题在理论研究上也有重大意义. 图匹配与最大公共子图、同构以及子图同构等理论问题有着密切的联系. Leordeanu 等 [89] 在研究中指出了图匹配问题与通用马尔可夫模型以及条件随机场 [84] 之间的紧密联系.

对图匹配问题的研究, 一方面有广泛而直接的应用价值, 可以推动计算机、统计学等相关学科和领域的发展; 另一方面, 它与基础性的算法和模型有着直接联系, 提供新的视角, 促进对其他相关模型和理论的理解.从而使图匹配问题始终保持旺盛的生命力, 吸引了大批研究者的目光, 进行这方面的研究. 从优化的角度来看, 图匹配问题本质上是一个组合优化问题, 并且一般情形下的图匹配问题是 NP-难问题. 在最近几十年间, 学者们提出了一些求解图匹配问题的近似算法, 并在许多领域得到了成功的应用. 由于 NP-难问题本身求解的难度和实际应用的数据规模越来越大, 且数据质量受随机性的各种噪声的影响, 这些近似算法的性能越来越难以满足实际应用的要求. 所以人们致力于用一些组合优化技术求其精确解和近似全局最优解.

我们利用强化学习方式结合深度学习网络进行特征提取, 从而求解图匹配问题. 首先, 利用相似度矩阵的对称性, 提出了矩阵对称压缩的全局特征提取方式, 使用双向循环网络结构提取局部特征; 其次, 利用上述两种特征, 将图匹配问题转换为序列问题; 最后, 使用行动者–评论家框架对网络参数进行优化. 该方法在人工数据集和实际应用的数据集 (指纹公开数据集) 上都取得了很好的效果.

5.2.1　图匹配问题

图匹配问题的目标是寻找两个图或者多个图之间节点的对应关系. 这些节点一般是由实际目标中的特征点构成. 描述实际目标时, 图的形式相比于向量形式具有更加灵活和丰富的表达能力. 与传统基于局部点特征或坐标等信息的匹配方法不同, 图匹配使用图上的节点 (Node) 表示局部特征点的信息, 边 (Edge) 表示各个特征点之间的几何结构信息. 通过考察单阶顶点信息和高阶边信息, 对局部和全局特征都具有一定区分度, 是一种较为鲁棒的图像结构特征表达和相似度度量方式. 图匹配问题与可以通过多项式时间获取全局最优解的点匹配问题 [83] 不同, 它在数学上等价于二次指派问题 [95] (Quadratic Assignment Problem, QAP).

记 $G = (V, E, C)$, 其中 $V = (v_1, v_2, \cdots, v_p) \in R^{d_v \times p}$, $E = (e_1, e_2, \cdots,$

$e_q) \in R^{d_e \times q}$ 分别代表顶点和边的特征矩阵. $C \in \{0,1\}^{p \times q}$ 代表图 G 的点边关联矩阵 ($c_{ik} = c_{jk} = 1$ 当且仅当第 i 个顶点和第 j 顶点通过第 k 条边相连, 当 $c_{ik} = c_{jk} = 0$ 时, 表示顶点之间无关联边).

基于以上的图表示方式, 给定分别包含 n 和 m 个顶点的图 $G_1 = (V_1, E_1, C_1)$ 与 $G_2 = (V_2, E_2, C_2)$. 记图 G_1 中的顶点 i 与图 G_2 中的顶点 a 的相似度为 $m_{ia}^v = \phi_v(v_i, v_a)$, 记图 G_1 中的第 k_1 条边与 G_2 中的第 k_2 条边的相似度为 $m_{k_1 k_2}^e = \phi_e(e_{k_1}, e_{k_2})$. 构造相似矩阵 M,

$$m_{ia,jb} = \begin{cases} m_{ia}^v, & i = j, a = b, \\ m_{k_1,k_2}^e, & i \neq j, a \neq b, \ c_{ik_1}^1 c_{jk_1}^1 c_{ak_2}^2 c_{bk_2}^2 = 1, \\ 0, & \text{其他}, \end{cases} \tag{5.11}$$

矩阵 M 中的元素 $m_{ia,jb}$ 衡量特征点之间以及对应边之间的相似程度, 其中矩阵的对角元素表示顶点之间的相似度, 非对角元素表示边之间的相似度, 从而可知矩阵 M 是一个实对称矩阵.

两个图中顶点的一一对应关系可以通过二值指示向量 $x \in \{0,1\}^{nm}$ 表示. 矩阵 $X \in \{0,1\}^{nm}$ 是向量 x 的矩阵形式, 其中 $X_{ia} = 1$ 表示 G_1 中的顶点 i 对应图 G_2 中的顶点 a, $X_{ia} = 0$ 表示两者不匹配. 那么图匹配问题可以转换为二次指派问题:

$$\begin{cases} x^* = \arg\max_x x^{\mathrm{T}} M x, \\ \text{s.t.} \ \forall j : \sum_i X_{ij} = 1, \\ \forall i : \sum_j X_{ij} = 1. \end{cases} \tag{5.12}$$

即在一一对应关系的约束条件下, 获取相似度最大的对应关系. 二次指派问题是一个 NP-完全问题. 因此, 研究工作者多通过设计多项式时间算法求得近似全局最优解或局部最优解.

5.2.2   求解图匹配问题的深度强化学习求解方法

Anton Milan 等 [104] 提出了一种求解图匹配问题的算法, 把相似矩阵按行/列展开拉成向量, 利用全连接网络进行特征提取, 输出匹配点对的概率分布. 这种网络结构没能充分利用相似矩阵的有效信息, 对此我们提出了两点改进: 第一, 利用相似矩阵的对称性, 提出了矩阵对称压缩的全局特征方式; 第二, 通过特定的行列变换获得原相似矩阵的对应矩阵, 然后使用双向循环神经网络进行局部特征提取. 基于以上两种特征提取方式, 我们将图匹配问题转换为了序列问题. 对于 NP-难问题, 获取大量高质量的样本是困难的, 因此我们采取基于行动者--评论家的深度强化学习替代有监督的训练方式.

1. 矩阵对称压缩提取全局特征

对相似矩阵可视化分析, 如图 5.5 所示, 可以看出, 相似矩阵是一个高维实对称矩阵. 具体来说, n 个顶点对 m 个顶点的图匹配问题的相似矩阵的维度为 $nm \times nm$. 若采用将相似矩阵按行/列展开, 拉成向量, 并使用全连接层进行特征提取的方式, 一方面不能保持矩阵的对称性, 另一方面也增加了计算量, 从而使这种网络结构不能处理过多特征点的图匹配问题. 为了克服这一不足, 我们借鉴了实对称矩阵的思想, 采取矩阵对称压缩的全局特征提取方式. 首先, 利用矩阵神经网络提取相似矩阵的高维特征, 然后将矩阵特征展开成固定维度的向量作为最终的全局特征.

矩阵对称压缩即为

$$M^{(l+1)} = \sigma(W^{(l)} M^{(l)} W^{(l)^{\mathrm{T}}}), \tag{5.13}$$

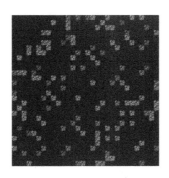

图 5.5 相似矩阵可视化结果 (30 对 30)

其中, W 是与特征层维度兼容的参数矩阵, $\sigma(\cdot)$ 是激活函数, 这里采取 relu 激活函数. 使用这种方式提取特征, 可以验证在特征提取过程中保留了相似矩阵的对称性:

$$
\begin{aligned}
M^{(l+1)^{\mathrm{T}}} &= (\sigma(W^{(l)}M^{(l)}W^{(l)^{\mathrm{T}}}))^{\mathrm{T}} \\
&= \sigma(W^{(l)}M^{(l)}W^{(l)^{\mathrm{T}}}) \\
&= M^{(l+1)}.
\end{aligned}
\tag{5.14}
$$

与全连接层的特征提取相比, 矩阵神经网络能够有效地减少训练参数. 假设给定初始相似矩阵 $M_1 \in R^{n_1^2 \times n_1^2}$, 需要获取更高层的特征 $M_2 \in R^{n_2^2 \times n_2^2}$ $(n_1 > n_2)$. 如果采用矩阵对称压缩的方式, 只需要 $n_1^2 \times n_2^2$ 个参数, 而全连接层需要 $n_1^2 n_1^2 \times n_2^2 n_2^2$ 个参数, 相比之下, 我们的方式有效地降低了解空间参数, 简化了模型, 从而更有利于跳出局部极值, 找到全局最优解.

通过公式 (5.13) 可以看出, 矩阵对称压缩的信息传递方式与传统的前向神经网络是相同的. 本质上仍然是双线性映射函数, 只是在正向传播的过程中保留了矩阵的形式. 因此, 可以使用传统的基于随机梯度下降的误差反传算法更新参数. 后面我们将详细介绍矩阵误差反传过程.

2. 双向循环神经网络提取局部特征

除了获取相似矩阵的全局特征表示外, 还需要获得局部特征表示, 以更好地构建网络结构解决图匹配问题. 观察发现, 相似矩阵在排列方式上有一定的规律可循, 并不是杂乱无章的. 以 3 对 3 的图匹配为例, 其初始相似矩阵的示意图如图 5.6(a) 所示. 左边矩阵的前三行可以看成是第一幅图中的第一个特征点对第二幅所有特征点的一个对应关系, 依次类推, 可以得到第一幅图中每一个点与第二幅图中所有特征点的对应关系. 经过适当的行列变换, 每隔 n 行 (列) 抽取左边矩阵的行 (列), 组合成新的相似矩阵, 可以得到第二幅图中每一个点与第一幅图中所有特征点的对应关系, 如图 5.6(b) 所示.

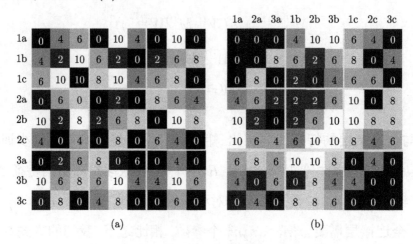

图 5.6　初始相似矩阵和变换后矩阵示意图

通过把相似矩阵进行了特定的行列变换和逐点拆分, 相当于获得了两个子矩阵序列. 但是, 不能把子矩阵序列直接输入网络结构中, 进行匹配关系预测, 还需要做进一步的特征信息整合以获取局部特征. 首先采取卷积网络形式, 获取每个顶点的初始特征表示; 然后利用双向递归神经网络将两个序列进行再次编码, 获得每个点最终的特征表示. 图 5.7 展示了局部特征提取过程.

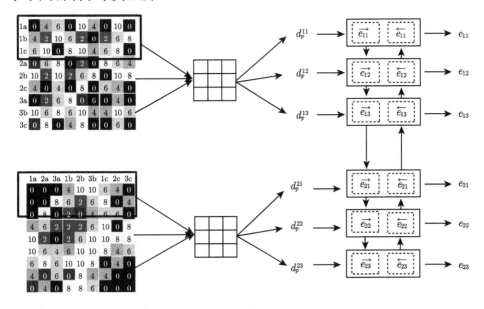

图 5.7 局部特征提取过程示意图

使用卷积网络进行特征提取, 得到两个图中每个顶点的初步特征表示 $G_1 \rightarrow \{d_p^{11}, d_p^{12}, \cdots, d_p^{1n}\}$, $G_2 \rightarrow \{d_p^{21}, d_p^{22}, \cdots, d_p^{2m}\}$. 这样提取得到的这两个特征序列相对独立, 需要增加彼此的关联性, 在联系紧密和松弛之间达到一种平衡关系. 因此, 继续采用双向递归神经网络进行进一步特征提取和压缩.

未来顶点的信息对于特征表达也有很重要的作用. 因此我们将两个顶点的序列串联起来 $\{d_p^{11}, \cdots, d_p^{1n}, d_p^{21}, \cdots, d_p^{2m}\}$, 利用双向循环神经网络进行信息整合. 首先采用正向循环神经网络 $\vec{f}$ 顺序读取序列, 获得正向隐层表示 $\{\overrightarrow{e_{11}}, \cdots, \overrightarrow{e_{1n}}, \overrightarrow{e_{21}}, \cdots, \overrightarrow{e_{2m}}\}$, 然后利用反向循环神经网络 $\overleftarrow{f}$ 逆序读取序列, 获得反向隐层表示 $\{\overleftarrow{e_{11}}, \cdots, \overleftarrow{e_{1n}}, \overleftarrow{e_{21}}, \cdots, \overleftarrow{e_{2m}}\}$, 最终将得到的正向和反向隐层表示连接起来 $(e_{11}, \cdots, e_{1n}, e_{21}, \cdots, e_{2m})$, $e_i = \begin{bmatrix} \overrightarrow{e_i} \\ \overleftarrow{e_i} \end{bmatrix}$,

获得最终的特征表示.

我们将应用双向循环神经网络进行序列信息整合之后得到的最终局部特征序列, 拆分为两个子序列 $\{e_{11}, \cdots, e_{1n}\}$, $\{e_{21}, \cdots, e_{2m}\}$, 为后面构建策略网络做准备.

3. 网络结构

对于图匹配问题, 可以根据公式 (5.12) 较为方便地评价输出解的好坏, 从而利用赏罚机制训练网络模型中的参数. 因此, 我们借鉴了 Irwan Bell [7] 解决旅行商问题使用的行动者–评论家框架, 构造了适合求解图匹配问题的策略网络和估值网络. 这一部分我们将主要介绍的是如何通过之前提取的局部特征信息和全局特征信息与指向型网络 [149] 结合, 构造策略网络和估值网络. 策略网络的目的是输出两幅图的特征点之间的匹配关系. 估值网络不依赖于策略网络, 输出当前网络参数下两幅图的期望相似度, 以降低梯度方差.

(1) 策略网络

通过局部特征提取, 图匹配问题转换为序列表示 $\{e_{11}, \cdots, e_{1n}\}$, $\{e_{21}, \cdots, e_{2m}\}$. 求解图匹配问题的目标是在保证一一对应的条件下, 获得相似度最大的匹配序列. 输出的匹配序列就可以看成当第一个序列固定时, 第二个序列的一个排列.

指向型网络是为了解决输出字典大小依赖于输入序列元素个数决定的组合优化问题而提出的. 该网络在每步的输出过程中, 对所有的输入序列的元素计算一个实值权重, 挑选权重最大的作为每个时间步长的输出. 针对图匹配问题构建的策略网络在指向型网络的基础上, 做了适当改进. 我们把第二幅图的特征序列 $\{e_{21}, \cdots, e_{2m}\}$ 作为参考序列, 在每一个时间步 t 输入查询向量 e_{1t}(第一幅图的第 t 个特征向量), 计算权重向

量 u_t, 依据概率分布选取第 t 步的输出. 同时设置标识向量, 标记已经匹配过的参考点, 保证在下一时间步时, 对于已经选择的匹配点, 输入查询向量计算的权重为负无穷. 对于所有的时刻 $t = 1, 2, \cdots, n$, 权重向量 u_t 的计算方式如下:

$$u_t^j = \begin{cases} v^{\mathrm{T}} \cdot \tanh(W_1 e_{2j} + W_2 e_{1t}), & t \neq \pi(k),\ k < t, \\ -\infty, & \text{其他,} \end{cases} \tag{5.15}$$

其中, $j = 1, 2, \cdots, m$, v 为向量参数, W_1, W_2 是矩阵参数. 最后使用 softmax 函数对向量 u_t 进行归一化并依概率分布选取匹配点,

$$y_t = \mathrm{softmax}(u_t), \quad t = 1, 2, \cdots, n. \tag{5.16}$$

网络结构如图 5.8 所示.

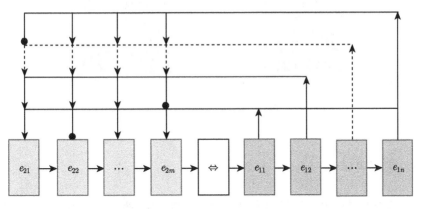

图 5.8 策略网络示意图

(2) 估值网络

估值网络作为基函数, 目的是降低梯度的方差, 加快收敛速度. 我们结合之前提取相似矩阵的局部特征和全局特征构建估值网络. 网络的输入由以下四部分组成, m_1 和 m_2 是原始相似矩阵和变换后的相似矩阵经过矩阵对称压缩提取的全局特征, e_1 和 e_2 表示向量序列 $\{e_{11}, \cdots, e_{1n}\}$

和 $\{e_{21}, \cdots, e_{2m}\}$ 的均值向量. 将四个向量顺序连接 $\{m_1, e_1, m_2, e_2\}$, 输入到两层的全连接网络预测相似度均值. 在网络设计中, e_1 和 e_2 与策略网络实现参数共享. 图 5.9 描述了策略网络和估值网络构建示意图, 其中可明显看出共享参数.

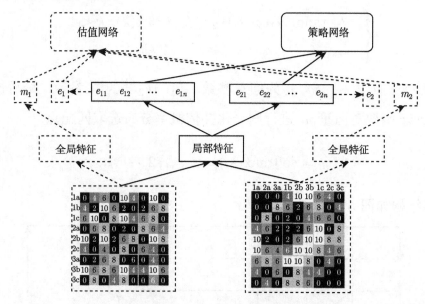

图 5.9　策略网络和估值网络关系示意图

4. 学习算法

如果单纯使用有监督的学习方式训练 NP-难问题, 算法最终可能并没有学习到如何解决问题, 只是复制了之前给定标签的算法, 从而降低了模型的泛化能力, 而且对于组合优化问题, 获取大量高质量标签的代价很大. 因此训练模型时, 我们采取了强化学习的训练方式, 只需要少量的样本, 而且模型有自我学习的能力, 而不只是复制其他算法.

使用 θ_p 表示策略网络的参数, 策略网络的优化目标是: 输出匹配关系, 使得期望相似度最大, 即

$$J(\theta_p|g) = \mathop{\mathrm{E}}_{\pi \sim p_{\theta_p}(\cdot|g)} S(\pi|g) = \mathop{\mathrm{E}}_{\pi \sim p_{\theta_p}(\cdot|g)} (X^{\mathrm{T}}MX), \tag{5.17}$$

其中, g 表示输入的待匹配的两幅图. 利用 Williams [155] 提出的基于策略梯度的强化学习算法对参数 θ_p 求导. 为了便于计算, 在设计程序时我们采取蒙特卡罗的方式估计 θ_p 的梯度:

$$\nabla_{\theta_p} J(\theta_p|g) = \frac{1}{B} \sum_{i=1}^{B} [(S(\pi_i|g_i) - b_{\theta_v}(g_i))\nabla_{\theta_p} \log p_{\theta}(\pi_i|g_i)], \tag{5.18}$$

其中, $b_{\theta_v}(g)$ 是通过估值网络计算得到的期望相似度. 估值网络的优化目标是最小化预测值与当前参数下策略网络的相似度之间的均方误差. 策略网络目标为

$$S(\theta_v) = \frac{1}{B} \sum_{i=1}^{B} \|b_{\theta_v}(g_i) - S(\pi_i|g_i)\|_2^2. \tag{5.19}$$

具体算法流程可参考算法 4.1.

矩阵误差反传计算中, 主要使用公式

$$\mathrm{vec}(AXB) = (B^{\mathrm{T}} \otimes A)\mathrm{vec}(X),$$

$$\frac{\partial AXB^{\mathrm{T}}}{\partial X} := \frac{\partial \mathrm{vec}(AXB^{\mathrm{T}})}{\partial \mathrm{vec}(X)} = B \otimes A,$$

其中 $\mathrm{vec}(X)$ 表示将矩阵转换为对应的列向量, $\otimes$ 表示克罗内克积 (Kronecker Product). 利用 Gao 等 [44] 的推导方法, 得到具体的误差反传公式. 在每次迭代过程中, $S(\pi_i|g_i)$ 是一个常数, 因此估值网络的目标函数 $S(\theta_v)$ 退化为一般的均方误差. 矩阵参数之间的误差反传公式为

$$\frac{\partial S(\theta_v)}{\partial W^{(l)}} = \sum_{i=1}^{B} \delta_i^{(l)} W^{(l)} M_i^{(l)\mathrm{T}} + \sum_{i=1}^{B} \delta_i^{(l)\mathrm{T}} W^{(l)} M_i^{(l)}, \tag{5.20}$$

其中,

$$\delta_i^{(l)} = (W^{(l+1)\mathrm{T}} \delta_i^{(l+1)} W^{(l+1)}) \odot \sigma'(W^{(l)} M^{(l)} W^{(l)\mathrm{T}}), \tag{5.21}$$

⊙ 表示向量/矩阵的对应元素相乘.

5.2.3　实验结果及分析

实验在人工数据集、序列图像的特征点以及指纹数据集等三个不同类型的数据集上验证了所提出的方法.

1. 实验设置

在以下所有的实验中, 批处理大小为 128 个相似矩阵. 提取全局特征的网络由三个矩阵对称压缩层和两个全连接层组成, 最终获得 128 维的全局特征向量. 局部特征在提取过程中, 首先采用卷积神经网络获取 128 维的初始特征向量, 然后使用两个含 128 个隐层单元的长短期记忆模型构成双向循环神经网络获得最终的局部特征表示. 构建策略网络时, 采用含 256 个隐层单元的长短期记忆模型和一次注意力机制[148]. 使用 $[-0.08, 0.08]$ 的均匀分布初始化参数, 为防止梯度爆炸, 梯度截断至 2.0. 使用 Adam 算法优化网络参数, 初始学习率为 10^{-2}, 每 5000 步衰减 0.96. 采用 Tensorflow 框架训练网络模型.

(1) 有监督学习–局部特征 (Supervised Learing-Local Feature, SV-LF) 网络模型

针对图匹配问题, 我们提出了一种使用双向循环神经网络提取局部特征的方式, 将问题转换成了序列–序列的对应问题. 在网络模型构建初期, 使用传统的有监督训练方式验证局部特征的有效性. 与强化学习的训练方式不同的是, 我们只使用了策略网络作为输出而没有用到估值网络, 目标函数为简单的交叉熵损失, 衡量预测序列与给定标签的误差. 除此之外, 网络的结构和初始化参数方式与其他深度学习方式相同.

(2) 有监督学习–全局特征 (Supervised Learning-global Feature, SV-

GF) 网络模型

为了在特征提取过程中保留相似矩阵的空间特性, 我们设计了矩阵对称压缩的全局特征提取方式. 经过特殊的行列变换, 获得与原相似矩阵对应的变换矩阵, 将获取的两个全局特征向量串联起来作为输入. 在输出阶段, 采用 256 个隐藏单元的长短期记忆模型获取图 G_1 中每个点对图 G_2 所有顶点的概率分布, 选择匹配点. 除此之外, 网络的结构和初始化参数方式与其他深度学习方式相同.

(3) 有监督学习–全连接 (Supervised Learing-full-connected, SV-FC) 网络模型

实验中, 还与 Milan 等 [104] 提出的算法进行了对比. 与传统有监督的训练方式的不同在于, 当且仅当给定标签的目标函数值优于网络输出策略对应的目标函数值时, 才进行误差反传. 当能获得最优解时, 这种训练方式退化为传统的有监督方式. 设计对比实验时, 采用了全连接层方式获取相似矩阵的特征向量 h, 输出阶段与有监督学习–全局特征网络模型相同.

(4) 强化学习 (Reinforcement Learning, RL)

强化学习过程包括训练和测试两个阶段. 在训练阶段, 使用算法 4.1 更新网络参数, 在测试阶段使用简单的贪婪策略获取匹配点的对应关系. 为保证采样的多样性, 在测试阶段, 修改公式 (5.16) 为

$$y_t = \mathrm{softmax}(u_t/T), \quad t = 1, 2, \cdots, n. \tag{5.22}$$

利用网格搜索 (Grid Search), 选取温度超参数 T (Temperature Hyperparameter) 为 3.0, 使模型更为平缓, 防止过拟合.

(5) 传统算法

除以上四种深度学习的算法, 我们还与传统的近似和启发式算法做

了比较：Factorized Graph Matching (FGM) [173], Probabilistic Graph Matching (PM) [164], Spectral Matching with Affine Constraints (SMAC) [29].

2. 人工数据集实验结果

我们在人工生成的随机数据集上进行实验, 数据集的构造方式与参考文献 [23], [29], [173] 相同. 首先, 随机生成两幅图 G_1, G_2, 每幅图包含 15 个顶点. 对于 G_1 中的每个点对, 以概率 $\rho \in (0, 1)$ 判断是否生成关联边. 第一幅图 G_1 中, 每条边的权重服从均匀分布 $e_k^1 \sim U(0, 1)$, 第二幅图 G_2 中对应的匹配边权重通过添加高斯噪声 $e_k^2 = e_k^1 + \varepsilon$ 计算得到, 其中 $\varepsilon \sim N(0, \sigma^2)$. 边的相似度为

$$m_{k_1 k_2}^e = \exp\left(-\frac{(e_{k_1}^1 - e_{k_2}^2)^2}{0.15}\right),$$

顶点相似度设为 0.

在对比实验中, 我们主要侧重研究参数 ρ(边稀疏关系) 和 σ(权重噪声) 对匹配准确率的影响. 每次实验中, 统计 500 对不同匹配图的计算准确率和相似度的平均值. 在第一个实验中, 固定参数 $\sigma = 0$, 变动参数 ρ (从 1 到 0.4) 验证边的稀疏性对模型的影响. 在第二个实验中, 固定参数 ρ, 变动参数 σ(从 0 到 0.2) 验证权重噪声对模型性能的影响.

为了验证模型对稀疏度和权重噪声的泛化能力, 我们还训练了一个无边权重噪声和全连接 ($\sigma = 0$, $\rho = 1$) 的强化学习–泛化 (Reinforcement learning-generalization，RL-G) 模型, 与在不同训练集上微调的网络模型进行对比

图 5.10 展示了不同参数设置下准确率和相似度的对比实验结果. 为了便于观察, 将不同参数下的相似度进行了归一化处理. 强化学习模型

在边稀疏性方面优于传统算法 FGM, 在噪声参数上略逊色于 FGM. 但是当权重噪声参数增大时, 我们的算法泛化能力比 FGM 表现更好一些. 强化学习–泛化模型在不同噪声参数设置下, 也获得了近似最优解, 验证了模型对噪声和稀疏性的泛化能力. 有监督学习–全局特征模型和有监督学习–局部特征模型分别验证了即使采用有监督的训练方式, 全局和局部特征的网络结构的有效性. 有监督学习–局部特征模型在实验效果上优于有监督学习–全局特征模型和有监督学习–全连接网络模型, 说明转换为序列问题是处理图匹配的有效方式. 有监督学习–全局特征模型和有监督学习–全连接网络模型的对比结果说明, 采用矩阵对称压缩的特征提取方式能够有效保证相似矩阵的空间结构, 获取更多特征信息.

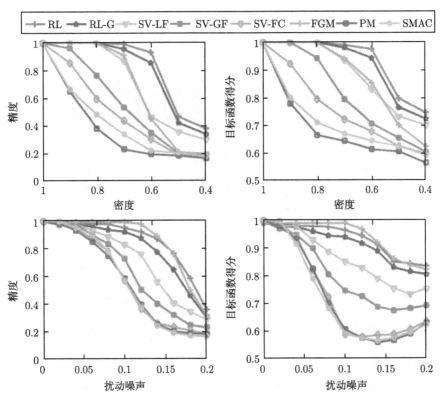

图 5.10 人工数据集对比结果

3. 卡耐基梅隆房子序列数据集实验结果

我们还在序列图像数据集——卡耐基梅隆房子序列数据集 (CMU House Sequence, 与文献 [18], [36], [171] 使用的数据集相同) 验证了模型效果. 该数据集包含从不同视角捕获的 111 帧同一座房屋的图像, 每个图片包含 30 个手工标注的特征点. 为生成足够的样本用于训练和验证模型, 我们在每幅图中随机选择了 20 个特征点构建训练集和测试集. 采用德洛内三角剖分的方式, 连接特征点. 边的权重 e_k 为相邻的两个顶点之间的欧氏距离. 给定一组待匹配图像对, 点的相似度权重设为 0, 边的相似度计算方式为

$$m^e_{k_1 k_2} = \exp\left(-\frac{(e^1_{k_1} - e^2_{k_2})^2}{2500} \right).$$

图 5.11 展示了基于我们的模型得到了匹配结果示意图.

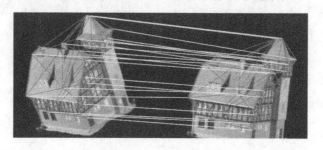

图 5.11　卡耐基梅隆房子序列数据集实验效果示意图

在实验中, 我们计算了所有间隔为 10 帧的图像对之间的匹配准确率和相似度. 图 5.12 展示了对比试验结果. 我们的模型和传统算法 FGM 都取得了最佳匹配效果. 在测试集上, 强化学习方法是所有深度学习模型中表现效果最好的.

除了准确率的对比, 我们还验证了各个算法的时间效率. 表 5.4 比较了强化学习和有监督训练算法与其他传统方法的运行时间. 其中, 黑体

0.003s 表明各算法中, 有监督学习–全局特征模型的算法测试时间最短, 在测试时间上是最优算法. 所有的深度神经网络方法在测试集上的运行时间都优于传统方法, 强化学习方法的运行时间稍逊色于有监督的方式, 但达到最高的平均精度.

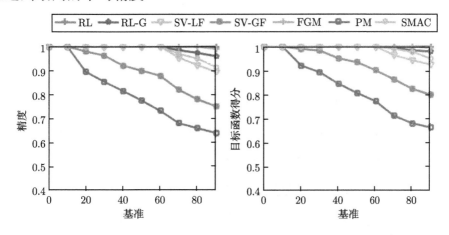

图 5.12　卡耐基梅隆房子序列数据集对比实验结果

表 5.4　时间对比 (卡耐基梅隆房子序列数据集)

模型	强化学习	有监督学习		传统算法		
	RL	LF	GF	FGM	PM	SMAC
时间/s	0.01	0.005	**0.003**	7.395	0.065	0.079

4. 指纹数据集实验结果

指纹图像在采集过程中, 受采集环境、干湿程度以及按压形变等因素的影响, 与单一的刚性或非刚性变换相比, 具有更复杂的变换关系. 因此, 我们使用指纹数据集验证网络模型在实际应用中的有效性, 在指纹公开数据集 FVC2002[101], FVC2004[102] 中与传统算法进行了对比. FVC 的各个数据集中包含了 110 枚手指的多次采集结果, 每幅指纹图片包含约 20—50 个特征点, 它们是分叉点和断点, 如图 5.13 所示.

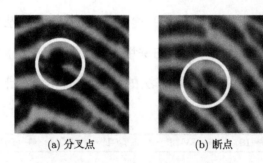

(a) 分叉点　　　　　　　　(b) 断点

图 5.13　指纹特征点示意图

指纹图像的特征点记为 (x, y, α), 其中 (x, y) 表示特征点的位置信息, α 表示特征点切线方向与水平方向的夹角, 通过使用商业软件在每对图片中找出 20 个特征点的对应关系. 采用德洛内三角剖分构建特征点之间的连接方式, 每条边的特征使用向量 (d, θ) 表示, 其中 d 表示连接的两个点之间的距离, θ 表示两点之间的连接与水平方向的夹角. 对于每对指纹图像, 计算点的相似度为 $m_{ia}^v = \exp(-|\alpha_1 - \alpha_2|)$, 边的相似度为

$$m_{k_1 k_2}^e = \exp\left(-\frac{1}{2}|d_{k_1} - d_{k_2}| - \frac{1}{2}|\theta_{k_1} - \theta_{k_2}|\right).$$

图 5.14(a) 展示了指纹图像的特征点和特征边; 图 5.14(b) 展示了我们算法在指纹数据集上的实验效果.

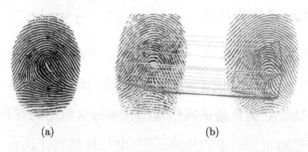

(a)　　　　　　　　　　(b)

图 5.14　(a) 指纹特征点和特征边示意图, (b) 指纹匹配结果示意图

表 5.5 分析了在不同 FVC 数据集的实验结果. 我们的算法与传统

的图匹配算法相比, 获得了更精确的匹配结果. 即使在质量相对较差的 FVC2004 数据集中, 也能得到较好的匹配结果.

表 5.5   准确率对比 (FVC 数据集)

数据集		强化学习	有监督学习		传统算法		
			LF	GF	FGM	PM	SMAC
FVC2002	DB1	**92.37%**	90.24%	87.45%	92.13%	42.79%	79.60%
	DB2	**94.29%**	92.61%	88.76%	93.78%	48.18%	82.71%
	DB3	**89.75%**	88.75%	82.19%	89.37%	39.87%	74.57%
	DB4	91.57%	89.24%	84.32%	**91.72%**	40.16%	75.66%
FVC2004	DB1	**85.98%**	82.73%	79.25%	84.92%	36.45%	69.45%
	DB2	92.69%	91.24%	86.73%	**92.82%**	40.89%	74.89%
	DB3	**90.47%**	88.45%	82.65%	89.59%	39.24%	72.16%
	DB4	86.23%	85.71%	79.16%	**86.30%**	37.12%	67.15%

注: 黑体表示最优结果.

5.3   基于卷积神经网络的图像对齐问题的求解方法

卷积神经网络 [87] 能够直接接受输入的二维图像, 充分保留图片的结构特征和相关性, 避免了传统识别算法中复杂的特征提取和数据重建过程, 推动了人脸识别 [137,143]、指纹识别 [90]、虹膜识别 [43] 等生物特征识别技术的发展. 但是由于卷积层结构的局限性, 网络性能受限于数据的空间不变性. 因此, 目前通用的基于深度学习的生物特征识别技术仍然采用两阶段的方式, 如在人脸识别中, 首先将待识别的人脸依级联线性回归 [20] 等方式对齐到平均脸模板, 然后利用卷积神经网络提取特征用于识别和匹配. 将所有图像对齐到一个相同的模板图像, 与端对端的结构模型相比, 损失了部分几何及相关信息, 不利于识别效率的提升. 如何将图像对齐和特征提取结合在一个端对端的结构中, 提高特征提取的效率和质量, 是许多模式识别问题研究的重点.

我们构建基于关键点对齐的端对端的网络结构, 该结构由回归网络和分类网络两个子网络构成, 并通过仿射变换连接成一个端对端的网络结构. 首先利用回归网络训练得到图像的关键点, 然后利用仿射变换进行预对齐, 最终通过分类网络提取图像特征, 进行识别匹配. 将预对齐和特征提取结合在一个网络结构中, 有利于避免先对齐后匹配所造成的信息损失, 并且两者相互促进, 可以获得更高的匹配准确率.

5.3.1   图像对齐问题

随着成像技术的发展, 可以获得不同时间、不同传感器 (成像设备) 或不同条件下 (天气、光照、摄像位置和角度等) 的大量图像, 用于图像拼接、生物特征识别、医学图像处理等任务中. 这类任务的一个前提条件是把多幅图像变换到统一的坐标系下, 如世界坐标系等. 然而在实际工作中往往不知道或者不需要知道图像的绝对坐标, 而只需要以其中的一幅图像作为模板图像, 把其他图像都变换到模板图像的坐标系中, 这个过程就是图像对齐的过程, 即

$$E(p) = \sum_x \left(I(W(x,p)) - T(x)\right)^2, \tag{5.23}$$

其中, $E(p)$ 是图像相似度函数, p 是变换参数, x 是像素级的坐标向量, $I(x)$ 和 $T(x)$ 分别代表待匹配图像 I 和模板图像 T 在 x 处的像素值.

目前用于图像对齐的算法主要可以分为两种: 直接法 (逐像素匹配) 和基于特征的方法 [142]. 直接法一般不需要对图像进行复杂的预处理, 而是使用图像本身具有的像素值的一些统计学信息来衡量两幅图像的相似性. 其主要特点是实现简单, 但应用范围不广, 不能直接用于校正图像的非线性形变, 在最优变换的搜索过程中往往需要巨大的运算量, 且需要图

像的像素信息、尺度等条件必须一致. 直接法主要包括互相关法、极大似然匹配算法、最大互信息法、序贯相似性检测算法等. 基于特征的方法, 主要包括特征检测 (点、线、面三类特征)、特征匹配和几何配准三个过程, 依具体的任务而有不同的形式. 如在文献 [165] 中使用的人脸对齐算法, 提取的特征点为眼睛、鼻子、嘴角五个特征点, 然后矫正至标准脸模板, 如图 5.15 所示; 而在指纹图像对齐时, 多采用中心点 (纹线曲率最大点) 作为特征点, 进行图像矫正, 如图 5.16 所示. 目前图像对齐主要采用这类方法. 该类方法提取图像的某一种或者几种特征组合进行分析, 然后根据提取特征的空间位置信息或者像素信息, 对提取出来的特征进行特征描述. 这类方法的主要优点是它提取了图像的显著特征, 大大压

(a)   (b)

图 5.15   (a) 人脸图像, (b) 人脸关键点检测

(a)   (b)

图 5.16   (a) 指纹图像, (b) 指纹关键点检测

缩了图像的信息量, 使得计算量小, 速度较快, 即使在图像的尺度和灰度变化较大的时候依然能够保持鲁棒性. 但是由于受光照变化、姿态变换、背景元素干扰等情况的影响, 增加了特征点定位的难度, 从而影响后续特征匹配和配准步骤.

5.3.2　图像对齐问题的深度学习求解方法

1. 卷积神经网络局限性

卷积神经网络由一个或多个卷积层和顶端的全连接层组成, 包括池化 (Pooling) 和激活操作, 是深度学习网络的代表性结构. 卷积神经网络与人脑视觉机制类似, 采用分层处理的方式处理特征, 逐层建立从底层特征到高级抽象特征的映射, 使复杂的特征提取工作简单化、抽象化. 它是将研究大脑获得的深刻理解成功用于机器学习应用的关键例子. 20 世纪 90 年代, AT&T 的神经网络研究小组开发的 LeNet-5 是最早出现的卷积神经网络 [87] 结构. 随着深度学习理论的提出和数值计算设备的改进, 卷积神经网络得到了快速发展, 并被大量应用于计算机视觉、自然语言处理等领域, 其中有代表性的网络结构包括 AlexNet [82]、VGGNet [133]、GoogleNet [141]、SPP-Net [60] 等.

卷积神经网络使用了卷积这种特殊的线性运算. 给定一幅图像 $I(i,j)$ $(1 \leqslant i \leqslant M, 1 \leqslant j \leqslant N)$ 和卷积核 K, 卷积核的大小通常远远小于输入图像的大小,

$$s(i,j) = (I * K)(i,j) = \sum_{m} \sum_{n} I(i+m, j+n)K(m,n). \tag{5.24}$$

其中"*"为哈达玛内积, 表示对应元素相乘. 卷积可以显著提高深度学习的速度, 其具有稀疏连接和参数共享的优势. 传统全连接的神经网

络利用参数矩阵的乘法, 每个输入单元和输出单元之间是由独立的参数进行描述的. 这也就意味着每个输入单元会和每个输出单元进行交互, 因此是稠密连接. 而卷积网络的核函数尺寸小于输入大小, 连接是稀疏的. 参数共享是紧随稀疏连接而来的, 在模型中多个函数使用相同的参数则是参数共享. 在传统的神经网络中, 每个权重被使用一次. 在卷积网络中, 通过参数共享, 一个卷积核内的参数会被应用在输入的所有位置. 图 5.17 是全连接层与卷积层的对比示意图.

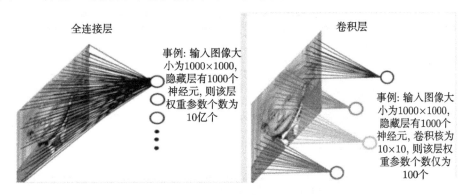

图 5.17 全连接层和卷积层对比

卷积运算使神经网络在更少量的参数条件下, 从低级特征中迭代提取更复杂的特征. 但是卷积核逐行运算的方式, 使卷积神经网络只能应对一些小的平移、旋转的变换. 为了克服这一局限性, 一般使用数据集扩增 [132] 和添加池化层两个方式来缓解. 数据集扩增通过在已有训练集中添加已知的噪声模型生成人工数据集, 来应对旋转和平移等其他变换. 但是这种方式通常带来数据集指数型递增, 增加了模型训练的难度. 池化层的本质是一种降采样机制, 逐层降低了深度维度上特征映射的空间尺寸, 同时也减少了参数的数量和计算成本, 能有效地控制过拟合. 通常池化使用 max 操作, 比如使用尺寸 2×2 的滤波器, 以步长为 2 对输入数据进行降采样, 从 2×2 个数字中取最大值. 图 5.18 为最大池化操作示意图. 但池化操作有以下缺陷: ① 池化具有破坏性, 在使用池化操作时, 75% 的特征激活会面临丢失, 这就意味着模型会丢失确切的位置信息, 不利于后续任务的性能; ② 池化操作的感受也较小, 只会对网络的更深层产生影响, 这就意味着中间特征映射可能会有更大的输入失真; ③ 池化层对于空间变换的容忍性有限, 对输入数据的大幅度变换通常不能保持不变性.

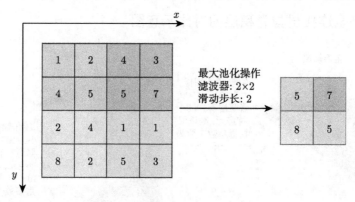

图 5.18　最大池化操作示意图

除了设计特殊的网络结构增加对空间变换的容忍度以外, 也有一些尝试 [68,96] 使网络能够解决大幅度变换的输入图像. 但是这种方式增加了模型复杂度和计算量, 因此研究者尝试寻找更有效的方式解决这一问题.

2. 空间变换网络

空间变换网络 (Spatial Transformer Networks) [72] 是第一个在不显著增加计算量的条件下, 自适应解决大幅度变换的网络结构. 空间变换网络能够根据分类或者其他任务自适应地将数据进行空间变换和对齐(包括平移、缩放、旋转以及其他几何变换等). 在输入数据空间差异较大的情况下, 这个网络可以加在现有的卷积网络中, 提高分类的准确性. 图 5.19 展示了空间变换网络的结构示意图. $U[H,W]$ 是输入图像或卷积神经网络中任一的特征层, $V[H',W']$ 是变换后的图像或特征层, U 与 V 之间的结构就是"空间变换网络". 空间变换模块由三个部分组成: 定位网络 (Localisation Network)、网格生成器 (Grid Generator) 和采样器 (Sampler). 定位网络用于生成仿射变换 (也可以是其他类型的空间变换) 参数 θ, 网络结构可以是全连接层或卷积层, 具体的网络设计根据实际需要设置. 网格生成器输出参数化的采样网格. 以仿射变换为例, 如果直接由仿射变换系数 θ 对输入 (x^s, y^s) 求解得到输出坐标点 (x^t, y^t) 是非整数的, 则需要考虑逆向仿射变换. 逆向仿射变换就是首先根据仿射变换输出的参数 θ, 生成输出的坐标网格点, 然后对该坐标位置点进行仿射变换:

$$\begin{pmatrix} x^s \\ y^s \end{pmatrix} = A_\theta \begin{pmatrix} x^t \\ y^t \\ 1 \end{pmatrix} = \begin{bmatrix} \theta_{11} & \theta_{12} & \theta_{13} \\ \theta_{21} & \theta_{22} & \theta_{23} \end{bmatrix} \begin{pmatrix} x^t \\ y^t \\ 1 \end{pmatrix}. \tag{5.25}$$

经过仿射变换后可以得到 V 中的位置坐标点在 U 中对应的位置. 采样

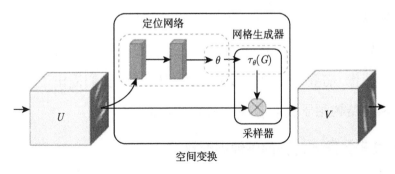

图 5.19 空间变换网络 [72]

器利用采样网格和输入图像同时作为输入, 通过插值产生经过变换之后的图像或特征层,

$$V_i = \sum_n^H \sum_m^W U_{nm} k(x_i^s - m; \Phi_x) k(y_i^s - n; \Phi_y), \quad \forall i \in [1, \cdots, H'W'], \quad (5.26)$$

其中 $k(\cdot)$ 代表参数为 Φ_x 和 Φ_y 的采样核函数, 通常采用双线性插值, 也可以使用其他的插值方式, 但必须是可微的, 使得损失可以通过误差反传回流到网格生成器和输入层.

空间变换网络是一个自适应的模块, 它能够以任意数量嵌入到卷积神经网络的任一层, 而不显著增加网络的计算量, 保证训练的速度. 而且空间变换网络在训练的过程中自动选择感兴趣的区域特征, 实现对各种形变的数据进行空间变换.

Lin Chen-Hsuan 等 [92] 将 Lucas-Kanade 算法 [97] 与空间变换网络相结合提出了反向合成的空间变换网络 (Inverse Compositional Spatial Transformer Networks), 消除了当网络中空间变换模块增加时产生的边界效应. Wu Wanglong 等 [158] 提出了递归的空间变换模块用于无预对齐的人脸识别, 允许在一个端对端的框架内同时进行人脸对齐和人脸识别, 改进了传统的先对齐后识别的两阶段模式. 但是以上方式中, 处理的输入图像通常不大, 如 28×28 的 MNIST 数据集, 36×36 的交通信号分类数据集以及 128×128 的 SUR Cascade. 那么对于较大以及方向不明确的自然图像, 需要一个更有效的方式. 基于此, 我们提出了基于关键点对齐的网络结构用于提取鲁棒性更强的特征.

5.3.3　基于关键点对齐的图像匹配算法

目前通用的基于深度学习的生物特征识别框架主要分为两个步骤: ① 基于关键点位置进行图像的预对齐; ② 利用卷积神经网络提取特征向

量, 进行匹配打分. 但是这种方法将生物特征识别过程截然分成了两个部分, 在第一个步骤图像对齐过程中, 可能损失部分与识别有关的信息, 从而不利于第二个步骤中获得精确的匹配. 基于以上考虑, 我们提出了基于关键点对齐的图像匹配算法, 将对齐和特征提取两个步骤合并为一个端对端的网络结构, 使图像在特征提取的过程中, 自动对齐, 从而提高识别效率.

整个端对端的网络框架由两个子网络通过仿射变换连接构成: 第一个子网络为回归网络, 回归的目标即图像的关键点 (人脸图像, 回归的目标为眼睛、鼻子、嘴巴等特征点位置; 指纹图像, 回归的目标为纹线曲率最大的中心点); 第二个子网络为分类网络, 分类的目标为个体类别 (人脸识别中, 将每个个体的所有人脸采集图像视为一个类别; 指纹识别中, 每个个体指纹多次按压的图像视为一个类别). 将原图像依据回归网络提取的参考点, 通过计算仿射变换参数, 进行旋转对齐, 输入到分类网络中提取特征向量表示.

依据具体的图片类型, 设计不同的回归网络和分类网络的结构, 然后基于回归网络提取的关键点的位置和方向, 应用仿射变换, 将图像旋转平移后对齐到图片中心. 首先, 利用仿射变换获取生成图像与原图像的对应关系:

$$
\begin{pmatrix} x_s \\ y_s \\ 1 \end{pmatrix} = \begin{pmatrix} 1 & 0 & t_x \\ 0 & 1 & t_y \\ 0 & 0 & 1 \end{pmatrix} \begin{pmatrix} \cos & -\sin & 0 \\ \sin & \cos & 0 \\ 0 & 0 & 1 \end{pmatrix} \begin{pmatrix} x_t \\ y_t \\ 1 \end{pmatrix}, \tag{5.27}
$$

其中, $t_x = x - I_c x$, $t_y = y - I_c y$, $\cos = \cos(\theta)$, $\sin = \sin(\theta)$, (x_s, y_s) 代表原图像坐标, (x_t, y_t) 代表变换后图像坐标, (x, y) 代表关键点的位置, θ

代表中心点的方向, (I_cx, I_cy) 代表图片的中心位置. 然后利用双线性插值核函数获取变换后图像对应的像素值. 设图片的高为 H, 宽为 W, V_i 表示变换后位置 i 处的像素值, 其中 $i \in \{1, \cdots, HW\}$, U_{nm} 表示原图像中高为 n, 宽为 m 处的像素值, 则

$$V_i = \sum_n^H \sum_m^W U_{nm} \max(0, 1 - |x_i^s - m|) \max(0, 1 - |y_i^s - n|). \quad (5.28)$$

依据误差反传方式进行双线性插值的梯度更新, 偏导数计算公式为

$$\frac{\partial V_i}{\partial U_{nm}} = \sum_n^H \sum_m^W \max(0, 1 - |x_i - m|) \max(0, 1 - |y_i - n|), \quad (5.29)$$

$$\frac{\partial V_i}{\partial x_i} = \sum_n^H \sum_m^W U_{nm} \max(0, 1 - |y_i - n|) \begin{cases} 0, & |m - x_i| \geqslant 1, \\ 1, & m \geqslant x_i, \\ -1, & m < x_i. \end{cases} \quad (5.30)$$

类似可计算偏导数 $\dfrac{\partial V_i}{\partial y_i}$.

将最终获得的图像, 裁剪至合适大小输入到分类网络的特征提取. 基于此, 我们得到了端对端的网络结构, 并且可利用误差反传直接更新两个子网络中的参数, 进而提高识别的准确率.

5.3.4 基于关键点对齐算法在指纹识别中的应用

为了验证模型的有效性, 我们以指纹识别为例, 利用我们实验室内部捺印指纹作为训练集, 在公开指纹数据集上测试.

1. 指纹识别的应用

传统的身份认证主要是基于物件 (如钥匙、磁卡等) 或基于知识 (如口令、密码、暗号等) 的认证方式. 而基于物件的认证方式存在着物件必

须随身携带, 还存在容易丢失、被盗、伪造等缺点; 基于知识的认证方式存在着知识容易忘记、泄漏等缺点. 基于生物特征的身份认证方法的出现解决了传统身份认证方法的诸多问题. 指纹的终身不变性、唯一性和获取方便性, 成为目前使用最为广泛的生物特征, 在刑侦、身份认证、经济、金融等领域都得到了广泛的应用.

指纹是人手指末端指腹上由凹凸的皮肤形成的纹路, 指纹能使手在接触物体时增加摩擦力, 从而更容易发力及抓紧物件, 它是人类进化过程式中自然形成的. 指纹一般由交替出现的脊线和谷线组成, 其纹线在图案、断点和交叉点上各不相同, 具有唯一性, 并且指纹脊线之间的拓扑结构保持着终生不变性, 它是由真皮层的结构直接决定的, 因而当手指表面磨损、烧伤之后, 经过一段时间长出来的新皮肤依然能维持原来的拓扑结构. 依据这些特征, 可以将一个人与他的指纹对应起来, 验证其真实身份.

依据指纹纹型分类, 定义中心点的位置和方向. 通常指纹有五种纹, 分别是左旋 (Left Loop)、右旋 (Right Loop)、斗 (Whorl)、弓 (Arch)、帐弓 (Tent Arch). 左旋和右旋的中心点位置在中心箕型线的顶点上, 中心点的方向为沿周边多数箕支流向的方向; 斗的中心点位置为中心环形线的上顶点上, 中心的方向为沿周边多数纹线流向的方向; 弓型指纹的中心点位置为指纹中心内部花纹, 由下而上, 取纹线突起、曲率最大、第一条完整弓形线的顶点位置, 中心点的方向为从中心点垂直指向根基线的方向; 帐弓型指纹的中心点位置为指纹中心内部花纹, 取直立或倾斜直线型所支撑起的第一条较为完整的弓形线的顶点, 中心点的方向为从中心点沿弓形线内主流支撑线, 并指向根基线的方向. 中心点方向的角度范围为 $0°—180°$, 其中水平向右为 $0°$, 顺时针竖直向下为 $180°$. 图 5.20 表明了不同纹型的指纹中心点和方向的示意图. 目前, 指纹中心点的定位方式主要分为五大类: 基于 Poincaré Index 的方法[5,77]、基于方向图局部特征的方法[116,134]、基于方向图分割的方法[67,70]、基于方向图全局模型的方法[39,157] 以及基于深度网络模型的方法[94,118].

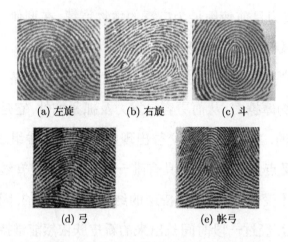

(a) 左旋　　　　　(b) 右旋　　　　　(c) 斗

(d) 弓　　　　　　　(e) 帐弓

图 5.20　指纹的五种纹型中心点示例图

指纹识别在生活、刑侦等各个领域有着重要作用, 因此需要提高指纹匹配的效率和精度. 设计针对指纹图像的网络结构, 基于指纹的关键点自动对齐指纹图像, 提取指纹特征, 用于匹配打分, 减少了人工专家的特征设计, 能够提高指纹识别的效率.

2. 基于关键点对齐的指纹识别算法

指纹图像不同于一般自然图像, 是由纹线交错形成, 不能直接利用已有的深度网络模型, 因此我们构建了适用于指纹图像关键点提取的回归网络和指纹特征提取的分类网络.

(1) 网络结构

回归网络和分类网络主要由多个卷积层和池化层交替连接, 并使用批标准化 (Batch Normalization, BN)[71] 和随机失活层 (Dropout Layer) [135] 优化网络结构, 防止过拟合, 激活函数采取了 ELU 函数 [25],

$$\mathrm{ELU}(x) = \begin{cases} x, & x > 0, \\ \alpha(e^x - 1), & x \leqslant 0. \end{cases} \tag{5.31}$$

实际网络结构中, 在每个卷积层后面加入批标准化层进行归一化, 使用激活函数进行非线性变换. 分类网络的最后两个卷积神经网络层, 不再使用池化层, 从而获得更为抽象的特征表示. 图 5.21 详细描述了两个网络的结构.

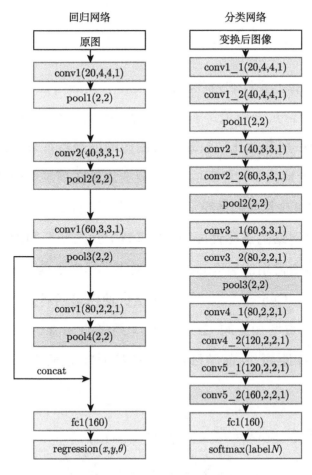

图 5.21　回归网络和分类网络结构示意图

(2) 损失函数

对于指纹图像, 我们提取的关键点是指纹脊曲线内部曲率最大的点, 即中心点. 回归网络的目标是学习指纹图像的关键点坐标 x, y 和方向 θ, 以此构造仿射变换参数, 将指纹图像对齐.

回归网络的优化目标是关键点的位置坐标和角度, 由于位置和角度的量纲不同, 而且数值差距较大, 可能会出现数值计算时的病态情况, 使算法不收敛, 为此在实际网络中, 将位置和角度标签归约到区间 $[0, 1]$, 并采取了简单有效的均方误差作为损失函数:

$$L_{\mathrm{MSE}} = \sum_{i=1}^{N} [(x_i - x_i')^2 + (y_i - y_i')^2 + (\theta_i - \theta_i')^2]. \tag{5.32}$$

分类网络的主要目的是获取指纹图像有效的特征表示, 从而可以进行后续的匹配打分, 获得最终的识别结果. 分类网络优化的目标是指纹的类别, 通过卷积层和池化层获取指纹图像的层级特征表示. 沿着特征抽取的层次, 不断地减少神经元的个数, 就会逐渐在高层形成紧致的和个体指纹有关的只有少量隐藏神经元的特征 (特征取自最后隐藏层的激活值).

为了提高网络的泛化性能, 使得模型学到的特征判别度更高. 除了使用分类网络中常用的 softmax 交叉熵作为损失函数, 还添加了新的辅助损失函数——Center Loss [153]. 在结合使用这两种损失函数时, softmax 交叉熵负责增加类间 (Inter-class) 距离, Center Loss 负责减小类内 (Intra-class) 距离, 从而学习到更高的特征判别度. 分类网络的损失函数为

$$L_{\mathrm{classification}} = L_{\mathrm{softmax}} + \lambda L_{\mathrm{Center\,Loss}}$$
$$= -\sum_{i=1}^{N} -y_i \log p_i + \lambda \sum_{i=1}^{m} \|x_i - c_{y_i}\|_2^2, \tag{5.33}$$

其中 λ 为权重参数.

(3) 训练方式

直接使用分类网络的损失函数优化两个网络的参数, 会导致训练时间过长不收敛等情况. 我们将网络训练过程分为预训练和再训练两个过程. 预训练过程中, 使用商业软件 GAFIS 提取的关键点的位置和角度标签以及分类网络的类别标签, 通过回归损失和分类损失对两个网络进行预训练. 再训练阶段, 只利用分类网络标签微调两个子网络的训练参数, 获得最终的特征向量用于指纹匹配. 图 5.22 为网络模型和训练过程示意图.

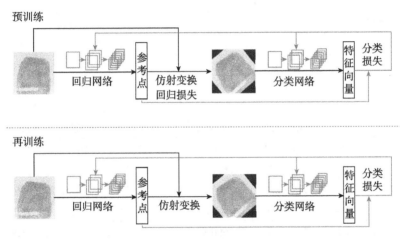

图 5.22 训练过程示意图

3. 实验结果及分析

实验在指纹公开数据集 FVC2000[100], FVC2002[101], FVC2004[102] 中以三种不同的匹配打分方式, 验证提取的特征对指纹识别性能的影响. 除此之外, 通过可视化分析, 基于深度学习提取的关键点, 改善了基于商业软件 GAFIS 提取的中心点结果, 从而验证了基于端对端无预对齐的指纹匹配网络, 可以同时优化两个网络参数, 获得了超越标签性能的网络结果.

　　由于 FVC 数据集包含的指纹图片过少, 不足以训练两个网络的参数. 我们使用商用数据集——十指指纹卡 (Ten-finger Fingerprint Card) 用于优化网络参数, 在 FVC 数据集上验证模型性能. 表 5.6 详细介绍了整个实验过程中使用的三个数据集, 包括数据集内指纹图像大小、分辨率和数据集大小等. 分辨率列中~500dpi表示 DB4 这个数据库中大多数指纹的分辨率为 500dpi, 但不全是.

表 5.6　指纹数据集

数据集		图像大小	分辨率	数据集大小
训练集		640×640	500dpi	20223 枚指纹 (每枚指纹 1—15 次按压)
FVC2000	DB1	300×300	500dpi	110 枚指纹 (每枚指纹 8 次按压)
	DB2	256×364	500dpi	110 枚指纹 (每枚指纹 8 次按压)
	DB3	448×478	500dpi	110 枚指纹 (每枚指纹 8 次按压)
	DB4	240×320	~500dpi	110 枚指纹 (每枚指纹 8 次按压)
FVC2002	DB1	388×374	500dpi	110 枚指纹 (每枚指纹 8 次按压)
	DB2	296×560	569dpi	110 枚指纹 (每枚指纹 8 次按压)
	DB3	300×300	500dpi	110 枚指纹 (每枚指纹 8 次按压)
	DB4	288×384	~500dpi	110 枚指纹 (每枚指纹 8 次按压)
FVC2004	DB1	640×480	500dpi	110 枚指纹 (每枚指纹 8 次按压)
	DB2	328×364	500dpi	110 枚指纹 (每枚指纹 8 次按压)
	DB3	300×480	512dpi	110 枚指纹 (每枚指纹 8 次按压)
	DB4	288×384	~500dpi	110 枚指纹 (每枚指纹 8 次按压)

　　统计分析, 指纹的五种纹型 (左旋、右旋、斗、弓、帐弓) 的自然分布比例分别为 33.8%, 31.7%, 27.9%, 3.7%, 2.9%. 弓和帐弓两类指纹所占比例非常低, 在实际的自动指纹识别系统中, 通常将二者合为一类, 即将指纹纹型分为左旋、右旋、斗、弓四类. 由于指纹类型分布差异较大, 弓类型指纹仅占 6%, 从而若不对样本进行均衡化处理, 那么由于弓类型

的关键点所占比例过少, 从而影响关键点提取的准确性, 需要对样本做均衡化处理. 我们采用了商业软件 GAFIS, 对指纹数据进行四分类处理, 保证各纹型分类的均衡性.

选取商用数据集——十指指纹卡中 90% 作为训练集, 10% 作为验证集. 从均值为 0, 方差为 10^{-3} 的高斯分布中随机初始化权重参数, 偏置初始化为 0. 初始学习率为 0.01, 随迭代过程呈指数型下降.

(1) 匹配结果分析

经过仿射变换之后的指纹图像, 会在边缘产生冗余信息, 从而降低了匹配效率, 在实际实验中, 以图片的中心点为中心, 将变换后的所有图像统一裁剪至 256×256, 提升匹配效率和精度. 图 5.23 描述指纹匹配过程中, 原图像经过仿射变换的对齐图像, 以及为了降低计算效率, 将指纹图像裁剪的效果.

图 5.23   指纹图像对齐和裁剪示意图

为了验证模型提取特征的有效性, 选取分类网络的倒数第二层 (320 维特征向量) 作为特征层, 通过计算余弦距离、SVM 分类器 [27] 和构建二值分类神经网络三种方式, 计算匹配效率. 神经网络由简单的三层组成, 待匹配的两个指纹特征串联起来作为输入向量 (640 维), 通过全连接的方式连接到中间隐藏层, 最后输出层进行是否匹配的 0.1 判别.

错误匹配率 (False Match Rate, FMR) 是指纹识别系统将两幅来自不同手指的指纹图像判断为来自同一根手指的概率; 错误拒绝率 (False Non-match Rate, FNMR) 是指纹识别系统将来自同一手指的两幅指纹图像判断为来自不同手指的概率; 相等错误率 (Equal Error Rate, EER) 表示当错误拒绝率同错误接受率相等时, 错误拒绝率或错误接受率所取的值. FMR100 表示当 FMR 小于等于 1% 时的 FNMR, 我们使用了 EER 和 FMR100 两个评价指标衡量在 FVC 公开数据集的识别效率.

为了便于统计, 记基于关键点对齐的网络提取的特征结果为 A, 利用商业软件提取关键点, 并利用图 5.21 分类网络提取的特征结果记为 B. 除此之外, 我们还与传统算法 Bozorth3 in NIST Biometric Image Software (NBIS) [113], MCC16n [19] 进行了对比. 表 5.7 记录了对比实验的 EER 结果, 表 5.8 记录了实验的 FMR100 对比结果, 每个数据集中最好的结果使用了黑体标注.

表 5.7 FVC 数据集上 EER(%) 对比结果

数据集		COS		SVM		DNN		传统算法	
		A	B	A	B	A	B	NBIS	MCC16n
FVC2000	DB1	3.691	3.865	2.374	2.681	1.890	**1.571**	7.480	3.291
	DB2	2.454	2.345	1.897	1.871	**1.1575**	1.252	8.751	2.546
	DB3	5.771	6.039	5.025	5.678	**4.021**	4.492	18.750	4.133
	DB4	3.574	3.584	2.985	3.021	2.863	2.973	5.817	**2.792**

续表

数据集		COS		SVM		DNN		传统算法	
		A	B	A	B	A	B	NBIS	MCC16n
FVC2002	DB1	2.164	2.326	1.892	2.159	1.378	1.793	15.286	**0.811**
	DB2	2.983	3.021	2.687	2.438	2.056	2.356	14.564	**0.611**
	DB3	4.973	5.087	4.895	5.123	**4.278**	4.311	20.062	4.422
	DB4	3.804	3.571	3.435	3.451	**2.968**	3.195	21.003	3.395
FVC2004	DB1	5.652	5.312	4.687	4.506	4.213	**4.177**	17.374	7.039
	DB2	4.684	4.019	3.241	3.184	2.541	**2.495**	17.183	8.363
	DB3	5.024	5.138	4.139	4.435	**3.420**	3.498	6.265	5.292
	DB4	6.874	7.084	5.721	5.637	4.879	4.718	26.189	**3.544**

注: 黑体标注了每个数据集中最好的结果.

表 5.8 FVC 数据集上 FMR100(%) 对比结果

数据集		COS		SVM		DNN		传统方法	
		A	B	A	B	A	B	NBIS	MCC16n
FVC2000	DB1	3.897	4.201	3.513	3.452	2.610	**2.504**	13.334	7.857
	DB2	2.124	2.654	**1.745**	1.961	1.794	1.806	18.710	6.641
	DB3	8.975	9.021	8.436	8.421	**7.627**	7.756	37.768	8.071
	DB4	10.319	10.216	10.012	9.910	8.969	8.883	14.151	**8.548**
FVC2002	DB1	4.012	3.215	3.84	3.011	3.112	2.869	24.879	**1.295**
	DB2	4.657	4.951	4.210	4.349	3.956	4.201	22.574	**0.795**
	DB3	12.997	13.659	12.964	13.245	11.956	12.826	37.325	**7.918**
	DB4	12.034	10.429	11.659	9.364	10.964	9.115	52.154	**5.294**
FVC2004	DB1	12.037	13.594	12.339	13.246	**11.635**	12.568	36.285	23.241
	DB2	6.149	6.884	5.983	6.038	**5.324**	5.660	35.102	18.571
	DB3	7.899	7.318	7.324	6.997	7.021	**6.863**	13.618	15.421
	DB4	16.987	16.439	16.463	15.997	16.329	15.366	60.698	**13.109**

注: 黑体标注了每个数据集中最好的结果.

通过两个表格的统计可知, 我们提取的特征在 FVC 多个数据集中获得了最好的结果. 相比而言, 使用神经网络的分类器的匹配效果优于简单的余弦距离和传统机器学习中的 SVM 分类器. 但是当图片质量较差时, 提取关键点的准确率有所下降, 不利于后续的特征提取, 从而与传统的 MCC16n 算法相比, 还有一定差距.

(2) 关键点提取分析

除了关注指纹匹配实验的效果外, 我们还将回归网络的实验结果进行了可视化分析. 统计发现, 四类纹型关键点的提取, 与商业软件 GAFIS 获得的标签相比, 关键点的位置平均差 9 个像素左右, 角度平均差 8.5° 左右. 但是在左旋、右旋、斗表现很好, 部分提取的关键点准确率超出商业软件 GAFIS 水平, 弓型的关键点提取还需改进, 虽然提取的准确率有误差, 但用于提取特征的指纹图像较大, 从而缓解回归网络的误差, 对后面的指纹特征提取网络进行匹配时准确率影响不大. 图 5.24 对比了使用回归网络提取的特征点与商业软件计算的特征点, 其中黄色圆点和线段表示商业软件提取的实验效果, 绿色圆点和线段表示基于回归网络提取的实验效果.

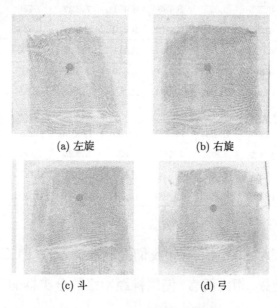

(a) 左旋　　　　　　　　(b) 右旋

(c) 斗　　　　　　　　(d) 弓

图 5.24　中心点提取结果对比

我们统计分析了基于回归网络提取关键点不准确的原因, 除了由样本分布不均以外, 关键点位置和角度的分布也不均匀. 以实验室指纹库 (640×640) 中 6 万指纹数据统计中心点和角度信息可知, 关键点在边缘分布较少, 从而无法获取大量有效样本进行训练, 因而降低了平均准确率. 图 5.25 分析了指纹中点位置和角度的分布情况.

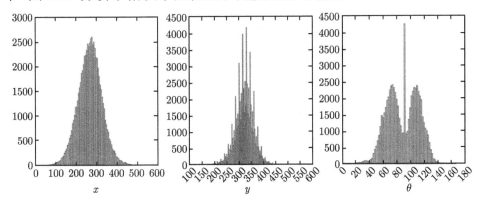

图 5.25 关键点位置和角度分布的统计结果

5.4 本章小结

在本章中, 我们详尽给出了图像识别中的几类组合优化问题的机器学习求解方法. 首先提出了基于循环神经网络求解点集匹配问题的网络框架, 通过对点集匹配问题进行分析, 将问题转换为序列问题. 使用多标签分类的思想改进了之前的指向型网络, 提出了一个新的端对端的网络结构解决点集匹配问题. 通过这种方式, 可以快速地获取点集匹配问题中的对应关系. 实验结果表明, 我们提出的方法可以有效地处理大幅度的平移、刚性和相似等变换. 并且, 使用这种网络结构可以推广求解德洛内三角剖分等其他组合优化问题.

此外, 我们提出了一个针对图匹配问题的端对端深度学习框架, 设计了两种特殊的特征提取方式: 全局和局部特征提取方式. 将问题转换为序列问题, 并结合深度强化学习框架进行求解. 通过在人工数据集和实际应用的数据集进行的对比实验, 验证了模型解决问题的有效性. 相比于传统算法, 我们的算法不需要手工设计特征, 可以充分利用现有计算资源, 提高求解效率. 并且结合强化学习的训练方式, 模型不需要预先设置标签, 从而缓解了之前求取组合优化问题样本标签不易获得的问题. 采用强化学习的训练方式与有监督的训练方式相比, 模型在处理噪声等方面的泛化能力更强.

另外, 我们分析了卷积神经网络在处理大幅度旋转、平移等空间变换对分类和识别效果的影响, 借鉴空间变换网络的思路, 提出了基于关键点的对齐的网络结构, 克服了传统网络中将对齐和匹配截然区分, 从而损失了部分有效信息的方式. 根据回归网络计算关键点位置和角度信息, 计算仿射变换参数进行图像对齐, 利用分类网络进行特征提取. 在指纹公开数据集 FVC 上验证了模型提取的特征对识别准确率的影响. 为了提高识别精度, 采用预训练和再训练的训练方式. 利用分类网络的损失函数微调两个网络的参数, 有效地解决了指纹采集过程中旋转、平移等大幅度的空间变换问题, 提高了指纹匹配的准确性. 通过统计实验, 分析了在部分数据集上实验效果不理想的原因.

对于以上三个部分更详细的内容可参照文献 [174]. 在后续的研究中, 我们将设计更有效的网络结构、训练机制和特征提取方式, 提高模型的泛化能力, 推广至解决更多种、规模更大的组合优化问题.

第6章 机器学习算法的复杂性理论

6.1 算法复杂性理论

1971 年, S.A. Cook 发表了著名的论文 [26], 在文中他成功地证明了第一个 NP-完备问题, 从而为 NP-完备性理论奠定了基础, 给计算复杂性理论开辟了一个新的领域. 由于这一卓越的成就, Cook 荣获了 1982 年度的图灵奖, 这是当今世界上对计算机科学家的最高荣誉奖赏. 在这篇简洁又精致的文章中, Cook 做了几件重要的事情: ① 他强调了 "多项式时间可规约性" 的重要意义. 所谓多项式时间规约是指可以用多项式时间算法实现的所需要的变换规约. 如果我们有从第一个问题到第二个问题的多项式时间规约, 那么就一定能把第二个问题的任何多项式时间算法转换成第一个问题的多项式时间算法. ② 他把注意力集中在判定问题的 NP 类上, 这类问题可以用非确定型计算机在多项式时间内解决. (如果问题的解不是 "是" 就是 "否", 则称这个问题是判定问题. 在实际中遇到的表面上难解的问题, 当把它们表示成判定问题时, 大多数都属于这一类). ③ 他证明了 NP 中的一个名叫 "可适定性" 问题的具体问题具有这样的性质: NP 中的所有其他问题都可以多项式规约为这个问题. 如果可适定性问题可以用多项式时间算法解决, 那么 NP 中的所有问题也都可以用多项式时间算法解决. 如果 NP 中的某个问题是难解的, 那么可适定性问题也一定是难解的. 所以, 在某种意义下, 可适定性问题是 NP 中 "最难的" 问题. ④ 他认为 NP 中的一些其他问题可能和可适定性问题一样, 具有这种成为 NP 中"最难的"问题的性质. 他证明的问题"给定图 G, 它有包含 k 个顶点的完全子图吗? 其中 k 是给定的自然数", 就是这种情况.

随后, Karp 证明了许多著名的组合问题, 包括旅行商问题的判定问题形式确实恰好与可适定性问题一样难. 以后, 人们又证明了各种各样的其他问题在难度上等价于这些问题, 并给这个等价类起名为 NP-完备类 (NP-C), 它由 NP 中所有"最难的"问题组成. 现在已经证明了几千个 NP-完备的各种不同的问题. P 与 NP 的问题已被公认为数学和理论计算机科学中至今尚未解决的最重要的问题之一. 尽管大多数研究工作者猜想 NP-完备问题是难解的, 然而在证明或否定这个广泛的猜想方面几乎没有取得任何进展. 但是, 即使没有证明 NP-完备问题蕴含着难解性, 知道一个问题是 NP-完备的, 至少暗示着要想用多项式时间解决这个问题必须有重大突破.

算法复杂性理论试图从一般角度去分析实际中各种不同类型的问题, 通过考察可能存在的求解某个问题不同算法的复杂性程度来衡量该问题的难易程度, 由此将问题划分为不同的类型, 并对各种算法按其有效性进行分类. 达到这一目的的主要方法就是分析求解问题算法的计算复杂性. 计算复杂性回答的是求解问题所需要的各种资源的量, 它主要考虑的是设计可以用于估计、定界任一算法求解某些类型的问题时所需的和仅需的计算资源量的技术或方法.

一个算法的有效性可以用执行该算法时所需要的各种计算资源的量来度量. 最典型、也是最主要的两个资源就是所需的运行时间和内存空间. 通常总是将最快的算法与最有效的算法等同起来. 在复杂性研究中, 衡量一个算法的效果, 最广泛采用的标准是在产生最终答案前它所花费的时间, 并常常称复杂性为时间复杂性. 同一算法所需时间多少随着计算机的不同可能有很大的差别. 同一算法和同一计算机, 当用它来求解某一问题的不同例子时, 由于有关参数取值的变化, 使得所需运行时间也有较大差别.

用算法时间复杂性衡量算法的计算复杂度时, 假设每做一次初等运算均需要一个单位时间, 用算法在执行过程中总共所需要的初等运算步数来表示算法用于求解任一问题的某一例子时所需要的时间. 所谓的初等运算是指算术运算、比较和转移等最基本的操作.

定义 6.1 (多项式时间算法, Polynomial Time Algorithm) 存在某个以输入长度 n 为变量的多项式函数 $p(n)$, 使其时间复杂性函数为 $O(p(n))$ 的算法称为多项式时间算法.

例如, 复杂性为 $O(n)$, $O(100n^3)$, $O(6n^8)$ 等的算法均为多项式时间算法.

定义 6.2 (指数时间算法, Exponential Time Algorithm) 任何其时间复杂性函数不可能如上用多项式函数去界定的算法, 称为指数时间算法.

这类算法的时间复杂性函数典型的例子有 2^n, $n!$, n^n, $n^{\log n}$, n^{n^n} 等. 严格地说, n^{n^n} 并不是我们通常说的指数函数, 它的增长速度比指数还快. 在复杂性理论中, 我们将所有这些类型的函数统称为指数函数而不做进一步细分.

算法的时间复杂性对计算机的解题能力 (速度和规模) 有重大影响. 常称一个问题具有难解性 (Intractability) 或为难解的, 如果它是如此困难, 以至于没有多项式时间算法可以去求解它. 由定义, 一个问题的难解性可以由下列原因之一引起: ① 对于某些意义明确的数学问题, 它是如此困难, 使得根本就不存在算法, 即其不可能用任何算法, 更不用说多项式时间算法来求解. 故其在更强意义下为难解的, 称这类问题为不可判定型 (Undecidability) 问题. 典型的不可判定问题包括著名的停机问题 (即: 给定任一计算机程序及其输入, 它会停止吗?) 和 Hilbert 第十问题 (整系数多项式方程组的可解性). 据此, 可以将所有的问题分为两大类: 不可判定类型的和可判定类型的. 对于可判定型问题, 在原则上总存在一个算法, 可以解决该问题的任何一个实例. 在计算复杂性理论中, 主要是研究求解可判定型问题算法的复杂性. ② 问题的解十分庞大, 以致于不可能用问题例子的输入长度的一个多项式函数来界定解的表达式之长度. 例如, 考虑旅行商问题的变形, 当我们的目的是要求给出所有总长不超过某一阈值的所有旅行路线, 而该阈值大于问题最优旅行路线的长度时, 就遇到这一情况, 此时, 问题的解就是所有的环游. 通常, 这种情况的存在性可由问题的定义容易看出, 且常常意味着原问题没有被现实合理地定义. ③ 最后一个原因, 也就是我们通常所想到的, 即问题太困难, 要找到它的一个解就需要用指数时间的算法. 值得注意的是, 所定义的时间复杂性通常为最坏情形度量. 在考虑算法的复杂性时, 一般只关心算法在问题例子的规模 n 充分大时的表现. 故对小规模问题, 有些指数时间算法可能要比多项式时间算法好.

6.2　基于线下学习和线上运行的学习类算法的复杂性度量

经典的算法时间复杂性理论是在最坏情况下考察算法运行所需要的计算量. 由于经典的算法没有学习功能, 不同问题的实例都需要重新完整运行算法, 即使相同结构的问题, 如果数据不同, 也需要重新运行算法, 所以用最坏情况下的时间复杂度来衡量算法的好坏, 从而划分问题的复杂程度是合理的. 基于机器学习的组合优化问题的求解方法与上述经典求解方法有本质的区别, 它分为线下训练 (学习) 和线上运行两个阶段, 并具有再学习功能. 真正求解问题的时间复杂度 (运行时间) 实际上是线上运行的时间复杂度 (或者运行时间). 虽然线下学习的时间复杂度较高, 但是如果线下学习的足够好, 线上运行的时间复杂度会非常低, 用户体验也会很好. 因此, 如何描述这类学习算法的时间复杂度是我们面临的一个重要问题. 当然, 我们可以用最坏情况下分别衡量线下训练算法的时间复杂度和线上运行算法的时间复杂度. 但是, 线下训练的时间复杂度不但与算法有关, 还与训练样本的数量有关, 而线上运行的时间复杂度一般都非常低, 运行时间非常快.

　　基于学习的求解问题方法遇到的瓶颈和挑战性问题, 其中包括: 一是需要庞大的标注数据. 目前有监督机器学习算法需要大量的样本, 现在通常会用上千万个样本来训练, 但是有时会遇到困难, 例如医疗领域. 二是模型爆炸. 目前机器学习算法中的深度神经网络需要数十亿个参数, 参数多到大型计算机都没有办法处理, 需要昂贵的硬件支持和漫长的计算时间. 三是训练难度. 目前机器学习算法等价于能量优化, 由于规模庞大, 无法用二阶优化, 一般使用随机梯度下降法. 由于深度神经网络层数过深, 经常出现梯度消失和梯度爆炸的问题. 因此, 训练过程收敛困难. 四是缺乏理论基础. 目前的深度学习缺乏理论基础, 收敛性无法保证. 其中很重要的一个问题是缺乏理论基础, 没有理论基础以后就会遇到很大的困难. 因此, 与传统的算法复杂度基本只考虑时间复杂度不同, 基于学习的问题求解方法的复杂度中的空间复杂度和时间复杂度都必须综合考虑. 时间复杂度决定了模型的训练/预测时间. 如果复杂度过高, 则会导致模型训练和预测耗费大量时间, 既无法快速的验证算法和改善模型, 也无法做到快速的预测. 空间复杂度决定了模型的参数数量. 由于维度诅咒的限制, 模型的参数越多, 训练模型所需的数据量就越大, 而现实生活中的数据集通常不会太大, 这会导致模型的训练更容易过拟合.

6.2.1　深度学习类线下训练算法的复杂度

深度学习类算法的线下训练算法复杂度应该同时考虑深度网络的时间复杂度和网络模型的空间复杂度. 深度网络的时间复杂度又包括网络模型的时间复杂度和网络模型训练算法时间复杂度两个部分. 网络模型训练算法如果采用后向传播算法, 网络模型训练算法时间复杂度主要是求解相应的优化模型的时间复杂度.

定义 6.3 (网络模型的时间复杂度)　网络模型从输入到输出过程中的直接初等运算的数量.

例 6.1 (卷积神经网络模型的时间复杂度)

深度卷积神经网络模型中, 通常利用 NVIDIA 在文献 [111] 中提出的浮点运算数 (Floating Point Operations, FLOPs) 衡量网络的复杂度.

(1) 单层卷积神经网络模型的时间复杂度

$$\text{Time} \sim O(H \cdot W \cdot K^2 \cdot C_{\text{in}} \cdot C_{\text{out}}), \tag{6.1}$$

其中, H 和 W 表示每个卷积核输出特征图的长和宽, K 是每个卷积核的边长; C_{in} 表示每个卷积核的通道数, 即输入通道数, 也即上一层的输出通道数; C_{out} 表示当前卷积层具有的卷积核个数, 也即输出通道数.

卷积层除了基本的卷积操作还需要计算偏置项, 即 $wX + b$ 形式. 首先考虑卷积的运算量, 对于输出特征图上的单个节点需要计算 $K^2 \cdot C_{\text{in}}$ 次乘法, 以及 $K^2 \cdot C_{\text{in}} - 1$ 次加法, 而对于长宽为 H 和 W、输出通道为

C_{out} 的输出特征图, 包含 $H \cdot W \cdot C_{\text{out}}$ 个节点, 共需要计算的乘法次数为

$$H \cdot W \cdot K^2 \cdot C_{\text{in}} \cdot C_{\text{out}}, \tag{6.2}$$

加法次数为

$$H \cdot W \cdot (K^2 \cdot C_{\text{in}} - 1) \cdot C_{\text{out}}. \tag{6.3}$$

对于偏置项, 只有加法运算, 输出特征图的每个节点进行一次加法操作, 共计

$$H \cdot W \cdot C_{\text{out}}. \tag{6.4}$$

通过将以上三部分累加可得单层卷积网络的 FLOPs:

$$2H \cdot W \cdot K^2 \cdot C_{\text{in}} \cdot C_{\text{out}}, \tag{6.5}$$

单层卷积神经网络模型的时间复杂度 $O(H \cdot W \cdot K^2 \cdot C_{\text{in}} \cdot C_{\text{out}})$.

由此可见, 每个卷积复杂度是由输出特征图的大小 $H \cdot W$、卷积核面积 K^2、输入通道数 C_{in} 和输出通道数 C_{out} 完全决定.

另外, 输出特征图尺寸 $H \cdot W$ 又由输入矩阵尺寸、卷积核尺寸、输入图像填充像素数 (Padding)、滑动步长 (Stride) 四个参数决定, 通常 Padding $= 0$ 表示对输入不填充, Padding > 0 表示对输入进行填充. 假设输入特征图的长为 X, 则与输出特征图的长 H 的关系为

$$H = (X - K + 2 \cdot \text{Padding})/\text{Stride} + 1. \tag{6.6}$$

(2) 卷积神经网络整体时间复杂度

$$\text{Time} \sim O\left(\sum_{l=1}^{D} H_l \cdot W_l \cdot K_l^2 \cdot C_{l-1} \cdot C_l\right), \tag{6.7}$$

其中, D 是卷积神经网络所具有的卷积层数, 即网络的深度; l 是神经网络第 l 个卷积层; C_l 是神经网络第 l 个卷积层的输出通道数 C_{out}, 也即

该层的卷积核个数. 对于第 l 个卷积层而言, 其输入通道数 C_{in} 就是第 $l-1$ 层的输出. 简言之, 卷积神经网络的复杂度为层内连乘、层间累加.

例 6.2 (长短期记忆模型的时间复杂度)　(1) 单层长短期记忆模型的时间复杂度为

$$\text{Time} \sim O(L^2), \tag{6.8}$$

其中, L 表示长短期记忆模型中细胞 C 的隐层节点数量. 根据第 3 章对长短期记忆模型基本结构的介绍, t 时刻长短期记忆模型结构的输入为 x_t, 通过遗忘门、输入门、输出门的控制对细胞状态进行更新, 并获得输出的隐层状态 h_t. 在实际的序列运算中, x_t 通常表示为向量形式 (如自然语言处理中, 利用 word2vec 工具, 获得每个单词的词向量表示), 其向量维度与细胞的隐层节点数量 L 相差不大, 复杂度分析时认为两者近似相等.

(2) 编码–解码模型中长短期记忆模型整体时间复杂度为

$$\text{Time} \sim O\left(T_x \cdot \sum_{l_e=1}^{D_e} {L_{l_e}}^2 + T_y \cdot \sum_{l_d=1}^{D_d} {L_{l_d}}^2 \right), \tag{6.9}$$

其中, T_x 是序列输入的长度, D_e 是编码阶段所具有的长短期记忆模型结构数, l_e 是编码网络第 l_e 个长短期记忆模型结构, T_y 是序列输出的长度, D_d 是解码阶段所具有的长短期记忆模型结构数, l_d 是解码网络第 l_d 个长短期记忆模型结构. 循环神经网络通过共享参数的方式, 存储序列信息, 复杂度的计算由长短期记忆模型结构、网络深度以及输入输出序列长度决定.

定义 6.4 (网络模型的训练算法时间复杂度)　网络模型训练过程求解相应的优化问题的算法所需要的初等运算的数量称为网络模型的训练算法时间复杂度.

例 6.3 KNN 算法的时间复杂度为 $O(n \cdot k)$, 其中 n 为样本数量, k 为单个样本特征的维度, 如果不考虑特征维度的粒度则为 $O(n)$.

例 6.4 决策树/随机森林算法的时间复杂度为 $O(N \cdot M \cdot D)$, 其中 N 是样本的大小, M 是特征的数量, D 是树的深度. 分类和回归树 (Classification and Regression Tree, CART) 生长时, 把所有特征内的值都作为分裂候选, 并为其计算一个评价指标 (信息增益、增益比率、Gini 系数等), 所以每层是 $O(N \cdot M)$, D 层的树就是 $O(N \cdot M \cdot D)$.

例 6.5 梯度下降算法的时间复杂度为 $O(n \cdot C \cdot I)$, 其中 n 代表样本数量 $C(n = 1$ 为随机梯度下降, $n = \mathrm{mini} - \mathrm{batchsize}$ 为 mini-batch 梯度下降), C 代表单个样本计算量 (取决于梯度计算公式), I 为迭代次数, 取决于收敛速度.

例 6.6 逻辑或线性回归算法的时间复杂度和为 $O(n \cdot k)$, 其中 k 为特征维度, n 为样本数量.

定义 6.5 (深度学习类算法的线下训练算法时间复杂度) 设深度网络的层数为 D, 第 i 层网络模型的时间复杂度为 $Tb_i(i = 1, 2, \cdots, D)$, 第 i 层网络模型训练算法时间复杂度为 $Ts_i(i = 1, 2, \cdots, D)$, 则深度学习类算法的线下训练算法时间复杂度定义为

$$O\left(\sum_{i=1}^{D}(Tb_i + Ts_i)\right). \tag{6.10}$$

定义 6.6 (网络模型的空间复杂度) 网络模型所包含的总参数量与各层的输出特征图谱之和称为网络模型的空间复杂度, 即网络模型的空间复杂度体现为模型本身的体积.

例 6.7 对于卷积神经网络, 参数复杂度即为卷积网络模型所有带参数的层的每层的参数总量 $O(K^2 C_{l-1} C_l)$. 特征图谱复杂度, 即卷积神

经网络实时运行过程的每层计算出的图谱大小 $O(M^2 C_l)$. 所以, 对于一个具有 D 层的卷积网络, 其空间复杂度为

$$\text{Space} \sim O\left(\sum_{l=1}^{D}(K^2 C_{l-1} C_l) + \sum_{l=1}^{D}(M^2 C_l)\right). \tag{6.11}$$

可见, 网络的复杂度只与卷积核的尺寸 K、通道数 C、网络的深度 D 有关, 而与输入数据的大小无关. 当我们需要降低空间复杂度时, 由于卷积核的尺寸通常已经很小, 而网络的深度又与模型的能力紧密相关, 不宜过多削减, 因此最先考虑就是通降低道数.

定义 6.7 (训练算法的空间复杂度) 训练算法运行过程所需要的存储空间称为训练算法的空间复杂度.

例 6.8 KNN 算法的空间复杂度为 $O(n \cdot k)$, 其中 n 为样本数量, k 为单个样本特征的维度, 如果不考虑特征维度的粒度则为 $O(n)$.

例 6.9 决策树/随机森林算法的空间复杂度 $O(N + M \cdot \text{Split} \cdot \text{TreeNum})$, 其中 N 为样本数量, M 为特征数量, Split 为平均每个特征的切分点数量, TreeNum 为随机森林的数目数量.

例 6.10 梯度下降算法的空间复杂度为 $O(n)$, 其中 n 代表样本数量.

例 6.11 逻辑或线性回归算法的空间复杂度和为 $O(n \cdot k)$, 其中 k 为特征维度, n 为样本数量.

定义 6.8 (深度学习类算法的线下训练算法的空间复杂度) 设深度网络的层数为 D, 第 i 层网络模型的空间复杂度为 $Sb_i(i = 1, 2, \cdots, D)$, 第 i 层网络模型训练算法时间复杂度为 $Ss_i(i = 1, 2, \cdots, D)$, 则深度学习类算法的线下训练算法时间复杂度定义为

$$O\left(\sum_{i=1}^{D}(Sb_i + Ss_i)\right). \tag{6.12}$$

6.2.2 学习类算法的时间复杂度函数

下面我们给出一种度量函数, 用来度量线上运行和线下训练的学习类算法的时间复杂度.

定义 6.9 设线上运行算法为 A, 线下训练算法为 B, 我们称算法对 $\Gamma(A, B)$ 为一个学习算法.

设线上运行算法 A 的时间复杂度为 $\alpha = f(n)$, 其中 n 是算法的输入规模, 主要与网络结构 Net、优化算法 C 等有关. 对于已经训练好的模型, 测试算法的时间复杂度与测试集精度无关. 设线下训练算法 B 的时间复杂度为 $\beta = g(m)$, 其中 m 是算法的输入规模, 主要与网络结构 Net、优化算法 C、训练集的期望精度 ε 等有关. 一般可以假设 $m = Kn$, 其中 K 与样本数、网络模型和训练算法 B 内部的优化模型有关. 因此我们在评估学习算法的时间复杂度时, 考察在给定训练集精度 ε 条件下, 训练算法的时间复杂度 β 与运行算法的时间复杂度 α 之间的关系, α 和 β 可以指具体的时间.

定义 6.10 线上运行算法与线下训练算法组成的学习算法 $\Gamma(A, B)$ 的时间复杂度定义为

$$T(\alpha, \beta) = \alpha + \frac{\sqrt{\beta}}{1 + lg^2(1 + \beta)}. \tag{6.13}$$

显然, 根据上述定义, 若学习算法 $\Gamma(A, B)$ 中没有训练阶段, 即 $\beta = 0$, 则上述时间复杂度即退化为通常的算法时间复杂度. 通过图 6.1 可直观看到, 学习算法的线下训练及线上运行的联合复杂度函数随各自的复杂度的变化情况.

定义 6.11 若 (6.13) 中定义的线上运行算法 A 与线下训练算法 B 的学习算法 $\Gamma(A, B)$ 的时间复杂度 $T(\alpha, \beta)$ 为 n 和 m 的多项式函数, 则

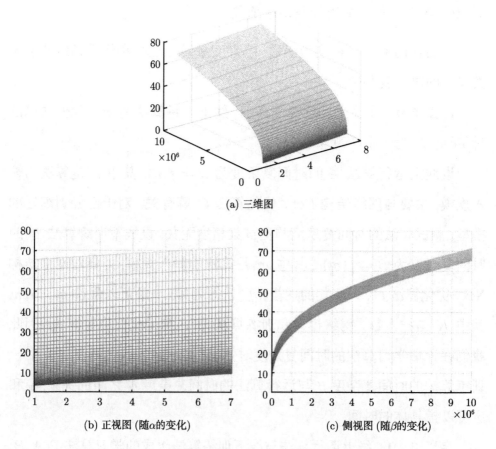

(a) 三维图

(b) 正视图 (随α的变化)

(c) 侧视图 (随β的变化)

图 6.1　时间复杂度 $T(\alpha, \beta)$ 函数的可视化图

称学习算法 $\Gamma(A, B)$ 为多项式算法. 进一步, 若 $\Gamma(A, B)$ 为 n 的多项式函数, 则称学习算法 $\Gamma(A, B)$ 为强多项式算法.

引理 6.1　若线上运行算法 A 为多项式算法, 即 $\alpha = f(n)$ 为 n 的多项式函数, 线下训练算法 B 为多项式算法, 即 $\beta = g(m)$ 为 m 的多项式函数, 则学习算法 $\Gamma(A, B)$ 为多项式算法. 进一步, 假设 $m = Kn$, 则学习算法 $\Gamma(A, B)$ 为强多项式算法.

证明　不妨设 $\alpha = f(n) = n^k$, $\beta = g(m) = m^q$, 则

$$T(\alpha, \beta) = n^k + \frac{m^{q/2}}{1 + ln^2(1 + m^q)},$$

显然此函数是比 n 和 m 的多项式函数上升更慢的函数.

定义 6.12 若 (6.13) 中定义的线上运行算法 A 与线下训练算法 B 的学习算法的时间复杂度 $T(\alpha, \beta)$ 为 n 或者 m 的指数函数, 则称学习算法 $\Gamma(A, B)$ 为指数算法.

引理 6.2 若线上运行算法 A 和线下训练算法 B 至少有一个为指数算法, 则学习算法 $\Gamma(A, B)$ 为指数算法.

证明 (1) 若线上运行算法 A 为指数算法, 则根据 (6.13) 的定义, 若 $\alpha = f(n)$ 为 n 的指数函数, 则 $T(\alpha, \beta)$ 为 n 的指数函数.

(2) 若线下训练算法 B 为指数算法, 则根据 (6.13) 的定义, $\beta = g(m)$ 为 m 的指数函数, 则存在 $\lambda > 1, \delta > 0$ 使得 $\beta = g(m) > \lambda^{\delta m}$, 则

$$\frac{\sqrt{\beta}}{1 + \lg^2(1 + \beta)} > \frac{\lambda^{\delta m/2}}{1 + \lg^2(1 + \lambda^{\delta m})} > \frac{\lambda^{\delta m/2}}{1 + \lg^2(2\lambda^{\delta m})} = \frac{\lambda^{\delta m}}{1 + (\lg 2 + \delta m \lg \lambda)^2}$$

(6.14)

为 m 的指数函数.

综上所述, 学习算法 $\Gamma(A, B)$ 为指数算法.

说明 (1) (6.13) 中定义的学习算法 $\Gamma(A, B)$ 的时间复杂度, 考虑了线上运行算法 A 的时间复杂度, 同时, 考虑到了人们对线下训练算法 B 时间复杂度与线上运行算法 A 的时间复杂度相比的容忍度.

(2) 如果线下训练算法 B 时间复杂度不是太高, 则 (6.13) 中第二项起的作用比较少, 主要体现的是线上运行算法 A 的时间复杂度;

(3) 如果线下训练算法 B 时间复杂度非常高, 则 (6.13) 中第二项就会非常大, 说明即使线上运行算法 A 的时间复杂度很低, 但学习算法 $\Gamma(A, B)$ 仍然也是不实用.

表 6.1 给出了线上运行时间取 1, 10, 100 和 1000, 线下训练时间取 10^4, 10^6, 10^8 和 10^{10} 时, 对应的学习算法时间, 表示我们对学习算法时

间复杂度的一种度量, 这种度量符合人们对学习类算法的整体感受. 为了计算方便, 表 6.1 中的学习算法时间的计算, 我们进行了近似, 将

$$T(\alpha, \beta) = \alpha + \frac{\sqrt{\beta}}{1 + \lg^2(1 + \beta)}$$

近似为

$$T(\alpha, \beta) = \alpha + \frac{\sqrt{\beta}}{1 + \lg^2(\beta)}.$$

表 6.1　学习算法的时间度量

学习算法时间复杂度 $T(\alpha,\beta)=\alpha+\dfrac{\sqrt{\beta}}{1+\lg^2\beta}$		线上运行时间			
		1	10	100	1000
线下训练时间	10^4	7	16	106	1006
	10^6	28	37	127	1027
	10^8	155	164	254	1154
	10^{10}	991	1000	1090	1990

从表 6.1 可以看出, 当线下训练时间是 10^6、线上运行为 10 时, 学习算法的复杂度为 37, 而当线下训练时间是 10^4、线上运行为 100 时, 学习算法的复杂度为 106, 说明容忍线下训练时间长一点可以换取到更好的线上运行体验. 但是对于如果线下训练为 10^8, 即使线上运行为 1, 也不如线下训练 10^6、线上运行 100 更容易接受, 学习算法的复杂度度量要充分考虑线下训练和线上运行相比的可容忍度.

从表 6.2 可以看出当线上、线下算法复杂度为多项式时, 学习算法的复杂度一定是多项式, 而且起主要作用的是线上; 当线下训练复杂度是指数时, 学习算法的复杂度是指数型的, 而且线下训练复杂度在学习算法复杂度中发挥作用.

关于学习算法 $\Gamma(A, B)$ 的空间复杂度, 我们给出如下定义:

定义 6.13　设线上运行算法 A 的空间复杂度为 α, 线下训练算法 B 的空间复杂度为 β, 则定义学习算法 $\Gamma(A,B)$ 的空间复杂度 $S(\alpha,\beta)$ 为

$$S(\alpha,\beta) = \max(\alpha,\beta). \tag{6.15}$$

表 6.2　学习类算法的时间复杂度的度量

学习算法时间复杂度 $T(\alpha,\beta)=$ $\alpha+\dfrac{\sqrt{\beta}}{1+\lg^2\beta}$		线上运行时间			
		n	n^2	n^3	n^4
线下训练时间	m^4	$n+\dfrac{m^2}{(1+16\lg^2 m)}$	$n^2+\dfrac{m^2}{(1+16\lg^2 m)}$	$n^3+\dfrac{m^2}{(1+16\lg^2 m)}$	$n^4+\dfrac{m^2}{(1+16\lg^2 m)}$
	m^6	$n+\dfrac{m^3}{(1+36\lg^2 m)}$	$n^2+\dfrac{m^3}{(1+36\lg^2 m)}$	$n^3+\dfrac{m^3}{(1+36\lg^2 m)}$	$n^4+\dfrac{m^3}{(1+36\lg^2 m)}$
	m^8	$n+\dfrac{m^4}{(1+64\lg^2 m)}$	$n^2+\dfrac{m^4}{(1+64\lg^2 m)}$	$n^3+\dfrac{m^4}{(1+64\lg^2 m)}$	$n^4+\dfrac{m^4}{(1+64\lg^2 m)}$
	10^m	$n+\dfrac{10^{\frac{m}{2}}}{1+m^2}$	$n^2+\dfrac{10^{\frac{m}{2}}}{1+m^2}$	$n^3+\dfrac{10^{\frac{m}{2}}}{1+m^2}$	$n^4+\dfrac{10^{\frac{m}{2}}}{1+m^2}$

6.3　本章小结

算法复杂性理论是组合优化和计算机科学重要的研究内容. 算法的时间复杂度和空间复杂度是用来衡量算法的好坏和问题的困难程度的重要依据. 但是, 传统的算法复杂性理论不能完全度量基于线下学习和线上运行的学习类算法的复杂性, 因为这类算法用户体验到的是线上运行时间, 如果线下训练的效果非常好的话, 即使 NP-难的组合优化问题也可以在很短的时间里找到一个非常接近最优解的可行解. 另一方面, 如果线下训练时间太长, 达到不可接受的程度, 即使线上运行时间再短, 这类学习算法也是无法实际应用的. 因此, 给出一种度量基于线下学习和线上运行的学习类算法复杂性的方法, 对于学习类算法的好坏的比较和学习类算法设计指导都具有重要意义. 本章给出了一种学习算法的时间

复杂度的度量函数, 能够将线上运行和线下训练算法的时间复杂度进行统一度量.

6.4　总结与展望

基于机器学习的组合优化问题的求解方法是一个新的研究领域, 起步不久, 迄今为止, 只是得到了一些初步的成果, 验证了这种算法设计思路是可行的. 但是, 这些新的尝试, 还有许多局限性, 如: ① 样本来源不足, 不仅仅是数据标签不足, 并且对某一实际问题, 得到的数据描述也不能够反映实际情况, 样本覆盖不广; ② 无法判别模型构建的合理性, 不清楚模型是否能够充分反映问题的根本属性; ③ 没有关于线下学习、线上运行的学习类算法"好""坏"的统一评价标准; ④ 目前能够求解问题的规模还不太大, 泛化能力也不强; ⑤ 线下训练算法的收敛性问题; ⑥ 线上运行算法的求解精度问题. 总之, 对于这类算法的理论研究基本上还是空白.

我们知道, 许多组合优化问题, 通过求解算法得到的解经常和实际部门中的技术人员根据长期积累的经验得到的解非常接近, 有时根据经验得到的解甚至优于算法得到的解. 如中国邮路问题, 一个老邮递员走的路线经常会与求解算法得到的邮路几乎一致. 因此, 我们有理由相信, 对于复杂的大规模组合优化问题, 设计好的基于线下学习和线上运行的学习类算法, 并且通过大量的线下训练, 积累求解经验, 逐步改进问题的求解精度, 在线上运行时间很短的情况下, 几乎能够得到不同于训练样本的其他相关问题的最优解. 因此, 即使 NP $\neq$ P, 在某种程度上, 通过学习类算法, 也能够快速 (多项式时间) 求解 NP-难问题, 起码可以快速求解许多 NP-难问题.

我们猜想: ① 对于存在 (F)PTAS 的组合优化问题, 一定可以设计学习算法, 在训练充分的情况下, 很短的运行时间 (多项式时间) 就能够得到精度足够高的解; ② 对于其他更难的组合优化问题, 可能也会有类似的性质. 因此, 研究求解问题的学习类算法, 在某种意义下能够推动 NP-难问题的求解算法与理论的进展, 这也是我们以后努力的目标.

参 考 文 献

[1] Alejandro Marcos Alvarez, Quentin Louveaux, Louis Wehenkel. A machine learning-based approximation of strong branching. INFORMS Journal on Computing, 2017, 29(1): 185–195.

[2] Marcin Andrychowicz, Misha Denil, Sergio Gomez, et al. Learning to learn by gradient descent by gradient descent. Advances in Neural Information Processing Systems, 2016: 3981–3989.

[3] Dzmitry Bahdanau, Kyunghyun Cho, Yoshua Bengio. Neural machine translation by jointly learning to align and translate. arXiv preprint arXiv: 1409.0473, 2014.

[4] Barrow H G, Popplestone R J. Relational descriptions in picture processing. Machine Intelligence, 1971.

[5] Asker M Bazen, Sabih H Gerez. Systematic methods for the computation of the directional fields and singular points of fingerprints. Pattern Analysis and Machine Intelligence, 2002, 24(7): 905–919.

[6] Marc G Bellemare, Georg Ostrovski, Arthur Guez, et al. Increasing the action gap: New operators for reinforcement learning. Proceedings of the Conference on Artificial Intelligence, Phoenix, 2016: 1476–1483.

[7] Irwan Bello, Hieu Pham, Quoc V Le, et al. Neural combinatorial optimization with reinforcement learning. arXiv preprint arXiv, 2016: 1611. 09940.

[8] Yoshua Bengio, Andrea Lodi, Antoine Prouvost. Machine learning for combinatorial optimization: a methodological tour d'horizon. arXiv preprint arXiv, 2018: 1811.06128.

[9] Mark J Berger. Large scale multi-label text classification with semantic word vectors. Technical Report, Stanford University, 2015.

[10] Paul J Besl, Mckay H D. A method for registration of 3-d shapes. IEEE Transactions on Pattern Analysis and Machine Intelligence, 1992, 14(2): 239–256.

[11] Eric Bonabeau, Marco Dorigo, Guy Theraulaz. Swarm intelligence: from natural to artificial systems. Number 1. Oxford: Oxford University Press, 1999.

[12] Léon Bottou, Frank E Curtis, Jorge Nocedal. Optimization methods for large-scale machine learning. Siam Review, 2018, 60(2): 223–311.

[13] Matthew R Boutell, Luo J B, Shen X P, et al. Learning multi-label scene classification. Pattern Recognition, 2004, 37(9): 1757–1771.

[14] Leo Breiman. Bagging predictors. Machine Learning, 1996, 24(2): 123–140.

[15] Leo Breiman. Random forests. Machine Learning, 2001, 45(1): 5–32.

[16] Leo Breiman. Classification and regression trees. Routledge, 2017.

[17] William Brendel Sinisa Todorovic. Learning spatiotemporal graphs of human activities. Proceedings of the International Conference on Computer Vision, Barcelona, 2011: 778–785.

[18] Tiberio S Caetano, Julian Mcauley, Cheng L, et al. Learning graph matching. Pattern Analysis and Machine Intelligence, 2009, 31(6): 1048–1058.

[19] Raffaele Cappelli, Matteo Ferrara, Davide Maltoni. Minutia cylinder-code: A new representation and matching technique for fingerprint recognition. Pattern Analysis and Machine Intelligence, 2010, 32(12): 2128–2141.

[20] Chen D, Ren S Q, Wei Y C, et al. Joint cascade face detection and alignment. Proceedings of the European Conference on Computer Vision, Zurich, 2014: 109–122.

[21] Cheng J Z, Ni D, Chou Y H, Qin J, Tiu C M, Chang Y C, Huang C S, Shen D G, Chen C M. Computer-aided diagnosis with deep learning architecture: applications to breast lesions in us images and pulmonary nodules in ct scans. Scientific Reports, 2016, 6: 24454.

[22] Kyunghyun Cho, Bart Van Merriënboer, Caglar Gulcehre, Dzmitry Bahdanau, Fethi Bougares, Holger Schwenk, Yoshua Bengio. Learning phrase represen-

tations using rnn encoder-decoder for statistical machine translation. arXiv, preprint arXiv, 2014: 1406. 1078.

[23] Minsu Cho, Jungmin Lee, Kyoung Mu Lee. Reweighted random walks for graph matching. Proceedings of the European Conference on Computer vision, Heraklion, 2010: 492–505.

[24] Mark Cicero, Alexander Bilbily, Errol Colak, Tim Dowdell, Bruce Gray, Kuhan Perampaladas, Joseph Barfett. Training and validating a deep convolutional neural network for computer-aided detection and classification of abnormalities on frontal chest radiographs. Investigative Radiology, 2017, 52(5): 281–287.

[25] Djork-Arné Clevert, Thomas Unterthiner, Sepp Hochreiter. Fast and accurate deep network learning by exponential linear units (elus). arXiv preprint arXiv, 2015: 1511.07289.

[26] Stephen A Cook. The complexity of theorem-proving procedures. Proceedings of the Third Annual ACM Symposium on Theory of Computing, ACM, 1971: 151–158.

[27] Corinna Cortes Vladimir Vapnik. Support-vector networks. Machine Learning, 1995, 20(3): 273–297.

[28] Rémi Coulom. Efficient selectivity and backup operators in monte-carlo tree search. Proceedings of the International Conference on Computers and Games, Turin, 2006: 72–83.

[29] Timothee Cour, Praveen Srinivasan, Shi J B. Balanced graph matching. Proceedings of the Advances in Neural Information Processing Systems, Vancouver, 2007: 313–320.

[30] Thomas M Cover Peter E Hart. Nearest neighbor pattern classification. IEEE Transactions on Information Theory, 1967, 13(1): 21–27.

[31] Dai H J, Dai B, Song L. Discriminative embeddings of latent variable models for structured data. Proceedings of the International Conference on Machine Learning, New York, 2016: 2702–2711.

[32] Abir Das, Anirban Chakraborty, Amit K Roy-Chowdhury. Consistent re-identification in a camera network. Proceedings of the European Conference on Computer Vision, Zurich, 2014: 330–345.

[33] Yann N Dauphin, Angela Fan, Michael Auli, David Grangier. Language modeling with gated convolutional networks. Proceedings of the 34th International Conference on Machine Learning-Volume 70, JMLR. org, 2017: 933–941.

[34] Dorigo M, Maniezzo V, Colorni A. Ant system: optimization by a colony of co-operating agents. Systems Man and Cybernetics Part B Cybernetics A Publication of the IEEE Systems Man and Cybernetics Society, 1996, 26(1): 29.

[35] Duan Y, Chen X, Rein Houthooft, John Schulman, Pieter Abbeel. Bench-marking deep reinforcement learning for continuous control. Proceedings of the International Conference on Machine Learning, New York, 2016: 1329–1338.

[36] Olivier Duchenne, Francis R Bach, In So Kweon, Jean Ponce. A tensor-based algorithm for high-order graph matching. Pattern Analysis and Machine Intelligence, 2011, 33(12): 2383–2395.

[37] André Elisseeff, Jason Weston. A kernel method for multi-labelled classification. Proceedings of the Advances in Neural Information Processing Systems, Vancouver, 2002: 681–687.

[38] Andre Esteva, Brett Kuprel, Roberto A Novoa, Justin Ko, Susan M Swetter, Helen M Blau, Sebastian Thrun. Dermatologist-level classification of skin cancer with deep neural networks. Nature, 2017, 542(7639): 115.

[39] Fan L L, Wang S G, Wang H F, Guo T D. Singular points detection based on zero-pole model in fingerprint images. Pattern Analysis and Machine Intelligence, 2008, 30(6): 929–940.

[40] Yoav Freund, Robert Schapire, Naoki Abe. A short introduction to boosting. Journal-Japanese Society For Artificial Intelligence, 1999, 14(771-780): 1612.

[41] Yoav Freund, Robert E Schapire. A decision-theoretic generalization of online

learning and an application to boosting. Journal of Computer and System Sciences, 1997, 55(1): 119–139.

[42] Johannes Fürnkranz, Eyke Hüllermeier, Eneldo Loza Mencía, Klaus Brinker. Multilabel classification via calibrated label ranking. Machine Learning, 2008, 73(2): 133–153.

[43] Abhishek Gangwar, Akanksha Joshi. Deepirisnet: Deep iris representation with applications in iris recognition and cross-sensor iris recognition. Proceedings of the International Conference on Image Processing, Phoenix, 2016: 2301–2305.

[44] Gao J B, Guo Y, Wang Z Y. Matrix neural networks. International Symposium on Neural Networks, 2016: 313–320.

[45] Gardner W M, Dorling R S. Artificial neural networks (the multilayer perceptron) : A review of applications in the atmospheric sciences. Atmospheric Environment, 1998, 32(14-15): 2627–2636.

[46] Jonas Gehring, Michael Auli, David Grangier, Denis Yarats, Yann N Dauphin. Convolutional sequence to sequence learning. Proceedings of the 34th International Conference on Machine Learning-Volume 70. JMLR. org, 2017: 1243–1252.

[47] Felix Gers. Long short-term memory in recurrent neural networks. PhD thesis, Verlag Nicht Ermittelbar, 2001.

[48] Robert K Gjertsen, Mark T Jones, Paul E Plassmann. Parallel heuristics for improved, balanced graph colorings. Journal of Parallel and Distributed Computing, 1996, 37(2): 171–186.

[49] Xavier Glorot, Antoine Bordes, Yoshua Bengio. Deep sparse rectifier neural networks. Proceedings of the International Conference on Artificial Intelligence and Statistics, Ft. Lauderdale, 2011: 315–323.

[50] Goldberg D E, Goldberg D M, Goldberg D E, et al. Genetic algorithm is search optimization and machine learning. 1989.

[51] Ian Goodfellow, Yoshua Bengio, Aaron Courville. Deep learning. Cambridge,

MA: MIT press, 2016.

[52] Ronald L Graham. An efficient algorithm for determining the convex hull of a finite planar set. Info. Pro. Lett., 1972, 1: 132–133.

[53] Alex Graves. Supervised sequence labelling. Supervised Sequence Labelling with Recurrent Neural Networks. Berlin: Springer, 2012: 5–13.

[54] Klaus Greff, Rupesh K Srivastava, Jan Koutník, Bas R Steunebrink, Jürgen Schmidhuber. LSTM: A search space odyssey. Neural Networks and Learning Systems, 2017, 28(10): 2222–2232.

[55] Shixiang Gu, Timothy Lillicrap, Ilya Sutskever, Sergey Levine. Continuous deep q-learning with model-based acceleration. Proceedings of the International Conference on Machine Learning, New York, 2016: 2829–2838.

[56] Haenssle H A, Fink C, Schneiderbauer R, et al. Man against machine: diagnostic performance of a deep learning convolutional neural network for dermoscopic melanoma recognition in comparison to 58 dermatologists. Annals of Oncology, 2018, 29(8): 1836–1842.

[57] Seyed Hamid Rezatofighi, Anton Milan, Zhen Zhang, et al. Joint probabilistic matching using m-best solutions. Proceedings of the Conference on Computer Vision and Pattern Recognition, Las Vegas, 2016: 136–145.

[58] Hado V Hasselt. Double q-learning. Proceedings of the Advances in Neural Information Processing Systems, Vancouver, 2010: 2613–2621.

[59] He He, Hal Daume III, Jason M Eisner. Learning to search in branch and bound algorithms. Advances in Neural Information Processing Systems, 2014: 3293–3301.

[60] He K M, Zhang X Y, Ren S Q, Sun J. Spatial pyramid pooling in deep convolutional networks for visual recognition. Pattern Analysis and Machine Intelligence, 2015, 37(9): 1904–1916.

[61] He K M, Zhang X Y, Ren S Q, Sun J. Deep residual learning for image recognition. Proceedings of the IEEE conference on computer vision and patt-

ern recognition, Las Vegas, 2016: 770–778.

[62] Heaton J B, Nicholas G Polson, Jan Hendrik Witte. Deep learning in finance. arXiv preprint arXiv, 2016: 1602.06561.

[63] Geoffrey E Hinton, Ruslan Salakhutdinov. Reducing the dimensionality of data with neural networks. Science, 2006, 313(5786): 504–507.

[64] Sepp Hochreiter. Untersuchungen zu dynamischen neuronalen netzen. Diploma, Technische Universität München, 1991: 91(1).

[65] Sepp Hochreiter, Jürgen Schmidhuber. Long short-term memory. Neural Computation, 1997, 9(8): 1735–1780.

[66] John J Hopfield, David W Tank. "Neural" computation of decisions in optimization problems. Biological cybernetics, 1985, 52(3): 141–152.

[67] Huang C Y, Liu L M, Douglas Hung D C. Fingerprint analysis and singular point detection. Pattern Recognition Letters, 2007, 28(15): 1937–1945.

[68] Gary Huang, Marwan Mattar, Honglak Lee, Erik G Learned-Miller. Learning to align from scratch. Proceedings of the Advances in Neural Information Processing Systems, Lake Tahoe, 2012: 764–772.

[69] Huang P S, He X D, Gao J F, et al. Learning deep structured semantic models for web search using clickthrough data. Proceedings of the International Conference on Information and Knowledge Management, San Francisco, 2013.

[70] Hung D C, Huang C Y. A model for detecting singular points of a fingerprint. Proceedings of the Florida Artificial Intelligence Research Symposium, Key West, 1996: 444–448.

[71] Sergey Ioffe, Christian Szegedy. Batch normalization: Accelerating deep network training by reducing internal covariate shift. arXiv preprint arXiv, 2015: 1502.03167.

[72] Max Jaderberg, Karen Simonyan, Andrew Zisserman, et al. Spatial transformer networks. Proceedings of the Advances in Neural Information Processing Systems, Montreal, 2015: 2017–2025.

[73] Ray A Jarvis. On the identification of the convex hull of a finite set of points in the plane. Information processing letters, 1973, 2(1): 18–21.

[74] Rafal Jozefowicz, Wojciech Zaremba, Ilya Sutskever. An empirical exploration of recurrent network architectures. Proceedings of the International Conference on Machine Learning, Lille, 2015: 2342–2350.

[75] Anjuli Kannan, Karol Kurach, Sujith Ravi, et al. Smart reply: Automated response suggestion for email. Proceedings of the International Conference on Knowledge Discovery and Data Mining, San Francisco, 2016: 955–964.

[76] Andrej Karpathy, Li F F. Deep visual-semantic alignments for generating image descriptions. Proceedings of the Conference on Computer Vision and Pattern Recognition, Boston, 2015: 3128–3137.

[77] Masahiro Kawagoe, Akio Tojo. Fingerprint pattern classification. Pattern Recognition, 1984, 17(3): 295–303.

[78] Elias Khalil, Dai H J, Zhang Y Y, et al. Learning combinatorial optimization algorithms over graphs. Proceedings of the Advances in Neural Information Processing Systems, Long Beach, 2017: 6348–6358.

[79] Elias Boutros Khalil, Pierre Le Bodic, Song L, et al. Learning to branch in mixed integer programming. Thirtieth AAAI Conference on Artificial Intelligence, 2016.

[80] Levente Kocsis, Csaba Szepesvári. Bandit based monte-carlo planning. Proceedings of the European Conference on Machine Learning, Berlin, 2006: 282–293.

[81] Wouter Kool, Herke Van Hoof, Max Welling. Attention, learn to solve routing problems! International Conference on Learning Representations, 2019.

[82] Alex Krizhevsky, Ilya Sutskever, Geoffrey E Hinton. Imagenet classification with deep convolutional neural networks. Proceedings of the Advances in Neural Information Processing Systems, Lake Tahoe, 2012: 1097–1105.

[83] Harold W Kuhn. The hungarian method for the assignment problem. Naval

Research Logistics Quarterly, 1955, 2(1-2): 83–97.

[84] Sanjiv Kumar, Martial Hebert. Discriminative random fields. International Journal of Computer Vision, 2006, 68(2): 179–201.

[85] Manuel Laguna, Rafael Martí. A grasp for coloring sparse graphs. Computational Optimization and Applications, 2001, 19(2): 165–178.

[86] Lecun Y, Bengio Y, Hinton G. Deep learning. Nature, 2015, 521(7553): 436.

[87] Yann LeCun, Léon Bottou, Yoshua Bengio, et al. Gradient-based learning applied to document recognition. Proceedings of the IEEE, 1998, 86(11): 2278–2324.

[88] Marius Leordeanu, Martial Hebert. A spectral technique for correspondence problems using pairwise constraints. Proceedings of the International Conference on Computer Vision, Beijing, 2005: 1482–1489.

[89] Marius Leordeanu, Martial Hebert, Rahul Sukthankar. An integer projected fixed point method for graph matching and map inference. Proceedings of the Advances in Neural Information Processing Systems, Vancouver, 2009: 1114–1122.

[90] Li J, Feng J J, Jay Kuo C C. Deep convolutional neural network for latent fingerprint enhancement. Signal Processing: Image Communication, 2018, 60: 52–63.

[91] Timothy P Lillicrap, Jonathan J Hunt, Alexander Pritzel, et al. Continuous control with deep reinforcement learning. arXiv preprint arXiv, 2015: 1509.02971.

[92] Lin C H, Simon Lucey. Inverse compositional spatial transformer networks. Proceedings of the Conference on Computer Vision and Pattern Recognition, Honolulu, 2017: 2568–2576.

[93] Zachary C Lipton, David C Kale, Charles Elkan, et al. Learning to diagnose with lstm recurrent neural networks. arXiv preprint arXiv, 2015: 1511.03677.

[94] Liu Y H, Zhou B C, Han C Y, et al. A method for singular points detection

based on faster-rcnn. Applied Sciences, 2018, 8(10): 1853.

[95] Eliane Maria Loiola, Nair Maria Maia De Abreu, et al. A survey for the quadratic assignment problem. European Journal of Operational Research, 2007, 176(2): 657–690.

[96] Jonathan L Long, Zhang N, Trevor Darrell. Do convnets learn correspondence? Proceedings of the Advances in Neural Information Processing Systems, Montreal, 2014: 1601–1609.

[97] Bruce D Lucas, Takeo Kanade, et al. An iterative image registration technique with an application to stereo vision. 1981.

[98] Minh-Thang Luong, Hieu Pham, Christopher D Manning. Effective approaches to attention-based neural machine translation. arXiv preprint arXiv, 2015: 1508.04025.

[99] Gjorgji Madjarov, Dragi Kocev, Dejan Gjorgjevikj, et al. An extensive experimental comparison of methods for multi-label learning. Pattern Recognition, 2012, 45(9): 3084–3104.

[100] Dario Maio, Davide Maltoni, Raffaele Cappelli, et al. Fvc2000: Fingerprint verification competition. Pattern Analysis and Machine Intelligence, 2002, 24(3): 402–412.

[101] Dario Maio, Davide Maltoni, Raffaele Cappelli, et al. Fvc2002: Second fingerprint verification competition. Proceedings of the International Conference on Pattern Recognition, Quebec City, 2002: 811–814.

[102] Dario Maio, Davide Maltoni, Raffaele Cappelli, et al. Fvc2004: Third fingerprint verification competition. Biometric Authentication, Springer, 2004: 1–7.

[103] Talya Meltzer, Chen Yanover, Yair Weiss. Globally optimal solutions for energy minimization in stereo vision using reweighted belief propagation. Proceedings of the International Conference on Computer Vision, Beijing, 2005: 428–435.

[104] Anton Milan, Seyed Hamid Rezatofighi, Ravi Garg, et al. Data-driven approximations to np-hard problems. Proceedings of the Conference on Artificial

Intelligence, San Francisco, 2017: 1453–1459.

[105] Marvin Minsky, Seymour A Papert. Perceptrons: An introduction to compu-tational geometry. Cambridge, MA: MIT Press, 2017.

[106] Tom M Mitchell. Machine Learning. New York: NcGran Hill, 1997.

[107] Volodymyr Mnih, Adria Puigdomenech Badia, Mehdi Mirza, et al. Asyn-chronous methods for deep reinforcement learning. Proceedings of the Interna-tional Conference on Machine Learning, New York, 2016: 1928–1937.

[108] Volodymyr Mnih, Koray Kavukcuoglu, David Silver, et al. Playing atari with deep reinforcement learning. arXiv preprint arXiv, 2013: 1312.5602.

[109] Volodymyr Mnih, Koray Kavukcuoglu, David Silver, et al. Human-level control through deep reinforcement learning. Nature, 2015, 518(7540): 529.

[110] Sharada Prasanna Mohanty, David Hughes, Marcel Salathe. Inference of plant diseases from leaf images through deep learning. Front. Plant Sci., 2016, 7: 1419.

[111] Pavlo Molchanov, Stephen Tyree, Tero Karras, et al. Pruning convolutional neural networks for resource efficient inference. Proceedings of the Interna-tional Conference on Learning Representations, 2017.

[112] Mohammadreza Nazari, Afshin Oroojlooy, Lawrence Snyder, et al. Reinforce-ment learning for solving the vehicle routing problem. Advances in Neural Information Processing Systems, 2018: 9839–9849.

[113] NIST. https://www.nist.gov/services-resources/software/nist-biometric-ima-ge-software-nbis. On-line Resources, 2015.

[114] Junhyuk Oh, Xiaoxiao Guo, Honglak Lee, et al. Action-conditional video pre-diction using deep networks in atari games. Proceedings of the Advances in Neural Information Processing Systems, Montreal, 2015: 2863–2871.

[115] Sakrapee Paisitkriangkrai, Shen C H, Anton Van Den Hengel. Learning to rank in person re-identification with metric ensembles. Proceedings of the Conference on Computer Vision and Pattern Recognition, Boston, 2015: 1846–

1855.

[116] Chul-Hyun Park, Joon-Jae Lee, Mark J T Smith, et al. Singular point detection by shape analysis of directional fields in fingerprints. Pattern Recognition, 2006, 39(5): 839–855.

[117] Bryan Perozzi, Rami Al-Rfou, Steven Skiena. Deepwalk: Online learning of social representations. Proceedings of the 20th ACM SIGKDD International Conference on Knowledge Discovery and Data Mining, ACM, 2014: 701–710.

[118] Qin J, Han C Y, Bai C C, et al. Multi-scaling detection of singular points based on fully convolutional networks in fingerprint images. Chinese Conference on Biometric Recognition, Springer, 2017: 221–230.

[119] Quinlan J R. Induction of decision trees. Machine Learning, 1986, 1(1): 81–106.

[120] Ross Quinlan J. C4.5: Programs for Machine Learning. San Francisco: Margan Kaufmann, 1993.

[121] Alvin Rajkomar, Eyal Oren, Kai Chen, et al. Scalable and accurate deep learning with electronic health records. NPJ Digital Medicine, 2018, 1(1): 18.

[122] Daniele Ravì, Charence Wong, Fani Deligianni, et al. Deep learning for health informatics. Journal of Biomedical and Health Informatics, 2017, 21(1): 4–21.

[123] Martin Riedmiller. Neural fitted q iteration–first experiences with a data efficient neural reinforcement learning method. Proceedings of the European Conference on Machine Learning, Porto, 2005: 317–328.

[124] Frank Rosenblatt. The perceptron: A probabilistic model for information storage and organization in the brain. Psychological Review, 1958, 65(6): 386.

[125] David E Rumelhart, Geoffrey E Hinton, Ronald J Williams, et al. Learning representations by back-propagating errors. Cognitive Modeling, 1988, 5(3): 1.

[126] Jürgen Schmidhuber. Deep learning in neural networks: An overview. Neural Networks, 2015, 61: 85–117.

[127] Mike Schuster, Kuldip K Paliwal. Bidirectional recurrent neural networks. Signal Processing, 1997, 45(11): 2673–2681.

[128] Benjamin Shickel, Patrick James Tighe, Azra Bihorac, et al. Deep ehr: A survey of recent advances in deep learning techniques for electronic health record (ehr) analysis. Journal of Biomedical and Health Informatics, 2018, 22(5): 1589–1604.

[129] Young Min Shin, Minsu Cho, Kyoung Mu Lee. Multi-object reconstruction from dynamic scenes: An object-centered approach. Computer Vision and Image Understanding, 2013, 117(11): 1575–1588.

[130] Silver D, Huang A, Maddison C J, et al. Mastering the game of go with deep neural networks and tree search. Nature, 2016, 529(7587): 484–489.

[131] David Silver, Julian Schrittwieser, Karen Simonyan, et al. Mastering the game of go without human knowledge. Nature, 2017, 550(7676): 354–359.

[132] Patrice Y Simard, Dave Steinkraus, John C Platt. Best practices for convolutional neural networks applied to visual document analysis. Proceedings of the International Conference on Document Analysis and Recognition, Washington, 2003: 958.

[133] Karen Simonyan, Andrew Zisserman. Very deep convolutional networks for large-scale image recognition. arXiv preprint arXiv, 2014: 1409.1556.

[134] Srinivasan V S, Murthy N N. Detection of singular points in fingerprint images. Pattern Recognition, 1992, 25(2): 139–153.

[135] Nitish Srivastava, Geoffrey Hinton, Alex Krizhevsky, et al. Dropout: a simple way to prevent neural networks from overfitting. The Journal of Machine Learning Research, 2014, 15(1): 1929–1958.

[136] Michael Steinbrunn, Guido Moerkotte, Alfons Kemper. Heuristic and randomized optimization for the join ordering problem. Vldb Journal, 1997, 6(3): 191–208.

[137] Sun Y, Wang X G, Tang X O. Deep learning face representation from predicting 10,000 classes. Proceedings of the Conference on Computer Vision and Pattern Recognition, Columbus, 2014: 1891–1898.

[138] Ilya Sutskever, Oriol Vinyals, Quoc V Le. Sequence to sequence learning with neural networks. Proceedings of the Advances in Neural Information Processing Systems, Montreal, 2014: 3104–3112.

[139] Richard S Sutton, Andrew G Barto. Reinforcement Learning: An Introduction. Cambridge, MA: MIT press, 2018.

[140] Richard S Sutton, David A McAllester, Satinder P Singh, et al. Policy gradient methods for reinforcement learning with function approximation. Proceedings of the Advances in Neural Information Processing Systems, Denver, 2000: 1057–1063.

[141] Christian Szegedy, Liu W, Jia Y Q, Pierre Sermanet, et al. Going deeper with convolutions. Proceedings of the Conference on Computer Vision and Pattern Recognition, Boston, 2015: 1–9.

[142] Richard Szeliski, et al. Image alignment and stitching: A tutorial. Foundations and Trends in Computer Graphics and Vision, 2007, 2(1): 1–104.

[143] Yaniv Taigman, Yang M, Marc'Aurelio Ranzato, et al. Deepface: Closing the gap to human-level performance in face verification. Proceedings of the Conference on Computer Vision and Pattern Recognition, Columbus, 2014: 1701–1708.

[144] Grigorios Tsoumakas, Ioannis Vlahavas. Random k-labelsets: An ensemble method for multilabel classification. Proceedings of the European Conference on Machine Learning, Warsaw, 2007: 406–417.

[145] Hado Van Hasselt, Arthur Guez, David Silver. Deep reinforcement learning with double q-learning. Proceedings of the Conference on Artificial Intelligence, Phoenix, 2016: 2094–2100.

[146] Vladimir Vapnik. The Nature of Statistical Learning Theory. New York: Springer Science & Business Media, 1995.

[147] Ashish Vaswani, Noam Shazeer, Niki Parmar, et al. Attention is all you need. Advances in Neural Information Processing Systems, 2017: 5998–6008.

[148] Oriol Vinyals, Samy Bengio, and Manjunath Kudlur. Order matters: Sequence to sequence for sets. arXiv preprint arXiv, 2015: 1511.06391.

[149] Oriol Vinyals, Meire Fortunato, Navdeep Jaitly. Pointer networks. Proceedings of the Advances in Neural Information Processing Systems, Montreal, 2015: 2692–2700.

[150] Oriol Vinyals, Łukasz Kaiser, Terry Koo, et al. Grammar as a foreign language. Proceedings of the Advances in Neural Information Processing Systems, Montreal, 2015: 2773–2781.

[151] Oriol Vinyals, Alexander Toshev, Samy Bengio, et al. Show and tell: A neural image caption generator. Proceedings of the Conference on Computer Vision and Pattern Recognition, Boston, 2015: 3156–3164.

[152] Wan S X, Lan Y Y, Guo J F. A deep architecture for semantic matching with multiple positional sentence representations. Proceedings of the Conference on Artificial Intelligence, Phoenix, 2016: 2835–2841.

[153] Wen Y D, Zhang K P, Li Z F, et al. A discriminative feature learning approach for deep face recognition. Proceedings of the European Conference on Computer Vision, Amsterdam, 2016: 499–515.

[154] Paul J Werbos, et al. Backpropagation through time: what it does and how to do it. Proceedings of the IEEE, 1990, 78(10): 1550–1560.

[155] Ronald J Williams. Simple statistical gradient-following algorithms for connectionist reinforcement learning. Machine Learning, 1992, 8(3-4): 229–256.

[156] Zbigniew Wojna, Alexander N Gorban, Dar-Shyang Lee, et al. Attention-based extraction of structured information from street view imagery. 2017 14th IAPR International Conference on Document Analysis and Recognition (ICDAR), IEEE, 2017: 844–850.

[157] Wu N N, Zhou J. Model based algorithm for singular point detection from fingerprint images. Proceedings of the International Conference on Image Processing, Singapore, 2004: 885–888.

[158] Wu W L, Kan M M, Liu X, et al. Recursive spatial transformer (rest) for alignment-free face recognition. Proceedings of the International Conference on Computer Vision, Venice, 2017: 3772–3780.

[159] Wu Y H, Schuster M, Chen Z F, et al. Google's neural machine translation system: Bridging the gap between human and machine translation. arXiv preprint arXiv, 2016: 1609.08144.

[160] Xiao J J, Cheng H, Harpreet Sawhney, et al. Vehicle detection and tracking in wide field-of-view aerial video. Proceedings of the Conference on Computer Vision and Pattern Recognition, San Francisco, 2010: 679–684.

[161] Xiao J, Ye H, He X, et al. Attentional factorization machines: Learning the weight of feature interactions via attention networks. arXiv preprint arXiv, 2017: 1708.04617.

[162] Xiong H K, Zheng D Y, Zhu Q X, et al. A structured learning-based graph matching method for tracking dynamic multiple objects. Circuits and Systems for Video Technology, 2013, 23(3): 534–548.

[163] Serena Yeung, Olga Russakovsky, Jin N, et al. Every moment counts: Dense detailed labeling of actions in complex videos. International Journal of Computer Vision, 2018, 126(2-4): 375–389.

[164] Ron Zass, Amnon Shashua. Probabilistic graph and hypergraph matching. Proceedings of the Conference on Computer Vision and Pattern Recognition, Anchorage, 2008: 1–8.

[165] Zhang K P, Zhang Z P, Li Z F, et al. Joint face detection and alignment using multitask cascaded convolutional networks. IEEE Signal Processing Letters, 2016, 23(10): 1499–1503.

[166] Zhang L, Li Y. Ramakant Nevatia. Global data association for multi-object tracking using network flows. Proceedings of the Conference on Computer Vision and Pattern Recognition, Anchorage, 2008: 1–8.

[167] Zhang M L, Zhang K. Multi-label learning by exploiting label dependency.

Proceedings of the International Conference on Knowledge Discovery and Data Mining, Washington, 2010: 999–1008.

[168]   Zhang M L, Zhou Z H. Ml-knn: A lazy learning approach to multi-label learning. Pattern Recognition, 2007, 40(7): 2038–2048.

[169]   Zhang M L, Zhou Z H. A review on multi-label learning algorithms. Knowledge and Data Engineering, 2014, 26(8): 1819–1837.

[170]   Zhang S, Yao L N, Sun A X, et al. Deep learning based recommender system: A survey and new perspectives. Computing Surveys, 2019, 52(1): 5.

[171]   Zhang Z, Shi Q F, McAuley J, et al. Pairwise matching through max-weight bipartite belief propagation. Proceedings of the Conference on Computer Vision and Pattern Recognition, Las Vegas, 2016: 1202–1210.

[172]   Zhang Z Y. Iterative point matching for registration of free-form curves and surfaces. International Journal of Computer Vision, 1994, 13(2): 119–152.

[173]   Zhou F, Fernando De la Torre. Factorized graph matching. Proceedings of the Conference on Computer Vision and Pattern Recognition, Providence, 2012: 127–134.

[174]   唐思琦. 基于深度学习的组合优化问题求解及其应用. 北京: 中国科学院大学, 2019.

[175]   郭田德, 韩丛英, 李明强. 逐层数据再表达的前后端融合学习的理论及其模型和算法. 中国科学 (信息科学), 2019, 49(6): 739–759.

[176]   陈志平, 徐宗本. 计算机数学——计算复杂性理论与 NPC、NP 难问题的求解. 北京: 科学出版社, 2001.

[177]   李学良, 史永堂译. 组合优化. 北京: 高等教育出版社, 2011.

[178]   谈之奕, 林凌. 组合优化与博弈论. 杭州: 浙江大学出版社, 2015.

[179]   刘全, 翟建伟, 章伟长等. 深度强化学习综述, 计算机学报, 2018, 41(1): 1-27.